# 地质灾害治理工程

何　升　高利建　李艳君　编　著

西南交通大学出版社

·成都·

**图书在版编目（CIP）数据**

地质灾害治理工程 / 何升，高利建，李艳君编著.
成都 : 西南交通大学出版社，2024. 12. -- ISBN 978-7-
5774-0273-4

Ⅰ. P694

中国国家版本馆 CIP 数据核字第 2024BF8418 号

Dizhi Zaihai Zhili Gongcheng
## 地质灾害治理工程

何　升　高利建　李艳君　**编著**

| | |
|---|---|
| 策 划 编 辑 | 黄庆斌 |
| 责 任 编 辑 | 姜锡伟 |
| 封 面 设 计 | 墨创文化 |
| 出 版 发 行 | 西南交通大学出版社 |
| | （四川省成都市金牛区二环路北一段 111 号 |
| | 西南交通大学创新大厦 21 楼） |
| 营销部电话 | 028-87600564　028-87600533 |
| 邮 政 编 码 | 610031 |
| 网　　　址 | https://www.xnjdcbs.com |
| 印　　　刷 | 成都蜀通印务有限责任公司 |
| 成 品 尺 寸 | 170 mm × 230 mm |
| 印　　　张 | 13 |
| 字　　　数 | 233 千 |
| 版　　　次 | 2024 年 12 月第 1 版 |
| 印　　　次 | 2024 年 12 月第 1 次 |
| 书　　　号 | ISBN 978-7-5774-0273-4 |
| 定　　　价 | 98.00 元 |

# 本书编写委员会

主　任：何　升　高利建　李艳君

委　员：陈　明　陈思言　周大吉　陈　渝
　　　　陈　文　刘　波　高　萍　张　娜
　　　　杨纾凡　王丝丝　李奕霖　赵其苏
　　　　刘　宇　袁可欣　李昌华　胥俊超
　　　　张　伟　吴　何　黄裕扬　吴　瑞
　　　　曾　航　刘加杰　李松青　邓正乐
　　　　何飞龙　曹丹阳　任星玚　张　耀
　　　　蒋小琼　全洪明　罗　凤　涂　强
　　　　曾　飞　刘　煇　张　凌　杨　维

# 序

  地质灾害是人类社会面临的重大挑战之一，滑坡、崩塌、泥石流作为其中的代表，对人类生命财产安全造成了巨大的威胁。为了更好地理解和应对地质灾害，我们编写了本书。

  全书一共分为三章，详细讲解了滑坡、崩塌、泥石流的基本特征和组成要素，滑坡的定义、分类、形成原因，地质条件如地质结构、岩性、地下水等对滑坡稳定性的影响，并介绍了常用的稳定性计算方法和原理；理论联系实际操作，讲解了地质灾害治理工程实际案例（挡土墙、截排水、抗滑桩、清方减载、锚索格构梁、自动网、被动网、泥石流拦砂坝、排导工程），并通过实际案例分析了治理工程的效果。

  希望通过本书的阅读，读者能够系统地掌握滑坡治理工程的知识，提高地质灾害的应对能力。本书适合地质灾害治理工程领域的科研人员、工程技术人员和政府部门工作人员参考使用，也适合作为相关专业的教材和参考书。

  由于水平有限，书中难免有欠妥之处，敬请读者批评指正。

何 升

2024 年 7 月

# 目 录

# 1 滑　坡

滑坡是指斜坡上的土体或者岩体，受河流冲刷、地下水活动、雨水浸泡、地震及人工切坡等因素影响，在重力作用下，沿着一定的软弱面或者软弱带，整体地或者分散地顺坡向下滑动的自然现象。运动的岩（土）体称为变位体或滑移体，未移动的下伏岩（土）体称为滑床，滑坡体指滑坡的整个滑动部分，简称滑体。

## 1.1　滑坡概述

### 1.1.1　滑坡的基本概念

滑坡壁——滑坡体后缘与不动的山体脱离开后，暴露在外面的形似壁状的分界面。

滑动面——滑坡体沿下伏不动的岩、土体下滑的分界面，简称滑面。

滑动带——平行于滑动面，受揉皱及剪切的破碎地带，简称滑带。

滑坡床——滑坡体滑动时所依附的下伏不动的岩、土体，简称滑床。

滑坡舌——滑坡前缘形如舌状的凸出部分，简称滑舌。

滑坡台阶——滑坡体滑动时，由于各种岩、土体滑动速度差异，在滑坡体表面形成的错落台阶。

滑坡周界——滑坡体和周围不动的岩、土体在平面上的分界线。

滑坡洼地——滑动时滑坡体与滑坡壁间拉开，形成的沟槽或中间低四周高的封闭洼地。

滑坡鼓丘——滑坡体前缘因受阻力而隆起的小丘。

滑坡裂缝——滑坡活动时在滑体及其边缘所产生的一系列裂缝。位于滑坡体上（后）部，多呈弧形展布者称拉张裂缝；位于滑体中部两侧，滑动体与不滑动体分界处者称剪切裂缝；剪切裂缝两侧又常伴有羽毛状排列的裂缝，称羽状裂缝；滑坡体前部因滑动受阻而隆起形成的张裂缝，称鼓张裂缝；位于滑坡体中前部，尤其在滑舌部位呈放射状展布者，称扇状裂缝。

以上滑坡诸要素只有在发育完全的新生滑坡中才同时具备，并非任一滑坡都具有。产生滑坡的基本条件是斜坡体前有滑动空间，两侧有切割面。从斜坡的物质组成来看，具有松散土层、碎石土、风化壳和半成岩土层的斜坡抗剪强度低，容易产生变形面下滑；坚硬岩石中由于岩石的抗剪强度较高，能够经受较大的剪切力而不易变形滑动。但是如果岩体中存在着滑动面，特别是在暴雨之后，则由于水对滑动面的浸泡，使其抗剪强度大幅度下降而易滑动。

降雨对滑坡的影响很大。降雨对滑坡的作用主要表现在：雨水的大量下渗，导致斜坡上的土石层饱和，甚至在斜坡下部的隔水层上积水，从而增加了滑体的重量，降低了土石层的抗剪强度，导致滑坡产生。不少滑坡具有"大雨大滑、小雨小滑、无雨不滑"的特点。

地震对滑坡的影响很大。究其原因，首先是地震的强烈作用使斜坡土石的内部结构发生破坏和变化，原有的结构面张裂、松弛，加上地下水也有较大变化，特别是地下水位的突然升高或降低对斜坡稳定是很不利的；其次，一次强烈地震的发生往往伴随着许多余震，在地震力的反复振动冲击下，斜坡土石体就更容易发生变形，最后就会发展成滑坡。

# 1.1.2 滑坡形成的主要条件

滑坡形成的主要条件一是地质条件与地貌条件，二是内外动力和人为作用的影响。

## 1.1.2.1 地质条件与地貌条件

地质条件与地貌条件与以下几个方面有关：

岩土类型：岩土体是产生滑坡的物质基础。一般来说，各类岩、土都有可能构成滑坡体。其中，结构松散，抗剪强度和抗风化能力较低，在水的作用下其性质能发生变化的岩、土，如松散覆盖层、黄土、红黏土、页岩、泥岩、煤系地层、凝灰岩、片岩、板岩、千枚岩等及软硬相间的岩层所构成的斜坡易发生滑坡。

地质构造条件：组成斜坡的岩、土体只有被各种构造面切割分离成不连续状态时，才有可能向下滑动；同时，构造面又为降雨等水流进入斜坡提供了通道。故各种节理、裂隙、层面、断层发育的斜坡，特别是当平行和垂直于斜坡的陡倾角构造面及顺坡缓倾的构造面发育时，最易发生滑坡。

地形地貌条件：只有处于一定的地貌部位，具备一定坡度的斜坡，才可能发生滑坡。一般江、河、湖（水库）、海、沟的斜坡，前缘开阔的山坡，铁路、公路和工程建筑物的边坡等都是易发生滑坡的地貌部位。坡度大于 10°小于 45°、下陡中缓上陡、上部成环状的坡形是产生滑坡的有利地形。

水文地质条件：地下水活动，在滑坡形成中起着主要作用。它的作用主要表现在：软化岩、土，降低岩、土体的强度，产生动水压力和孔隙水压力，潜蚀岩、土，增大岩、土容重，对透水岩层产生浮托力，等。尤其是对滑面（带）的软化作用和降低强度的作用最突出。

### 1.1.2.2 内外动力和人为作用的影响

现今，地壳运动的地区和人类工程活动频繁的地区是滑坡多发区，外界因素和作用，可以使产生滑坡的基本条件发生变化，从而诱发滑坡。主要的诱发因素有：地震，降雨和融雪，地表水的冲刷、浸泡，如河流等地表水体对斜坡坡脚的不断冲刷；不合理的人类工程活动，如开挖坡脚、坡体上部堆载、爆破、水库蓄（泄）水、矿山开采等都可诱发滑坡，还有如海啸、风暴潮、冻融等作用也可诱发滑坡。

## 1.1.3 滑坡强度因素

滑坡的活动强度，主要与滑坡的规模、滑移速度、滑移距离及其蓄积的位能和产生的功能有关。一般来讲，滑坡体的位置越高、体积越大、移动速度越快、移动距离越远，则滑坡的活动强度也就越高，危害程度也就越大。具体讲来，影响滑坡活动强度的因素有：

地形：坡度、高差越大，滑坡位能越大，所形成滑坡的滑速越高。斜坡前方地形的开阔程度，对滑移距离的大小有很大影响。地形越开阔，则滑移距离越大。

岩性组成：岩、土体力学强度越高、越完整，则滑坡往往就越少。构成滑坡滑面的岩、土性质，直接影响着滑速的高低，一般来讲，滑坡面的力学强度越低，滑坡体的滑速也就越高。

地质构造：切割、分离坡体的地质构造越发育，形成滑坡的规模往往也就越大。

## 1.1.4 滑坡诱发因素及形成过程

### 1.1.4.1 滑坡诱发因素

诱发滑坡活动的外界因素越强，则滑坡的活动强度越大，如强烈地震、特大暴雨所诱发的滑坡多为大的高速滑坡。

滑坡人为因素：违反自然规律、破坏斜坡稳定条件的人类活动都会诱发滑坡。例如：

（1）开挖坡脚：修建铁路、公路，依山建房、建厂等工程，常常因使坡体下部失去支撑而发生下滑。

（2）蓄水、排水：水渠和水池的漫溢和渗漏、工业生产用水和废水的排放、农业灌溉等，均易使水流渗入坡体，加大孔隙水压力，软化岩、土体，增大坡体容重，从而促使或诱发滑坡的发生。水库的水位上下急剧变动，加大了坡体的动水压力，也可使斜坡和岸坡发生滑坡。坡体支撑不了过大的重量，失去平衡而沿软弱面下滑。

（3）劈山开矿的爆破作用，可使斜坡的岩、土体受振动而破碎产生滑坡；在山坡上乱砍滥伐，使坡体失去保护，利于雨水等水体的入渗，从而诱发滑坡。

如果上述的人类作用与不利的自然作用互相结合，则更容易促使滑坡的发生。

### 1.1.4.2 滑坡的形成过程

滑坡的形成过程一般可分为如下阶段：

（1）蠕动变形阶段或滑坡孕育阶段。斜坡上部分岩（土）体在重力的长期作用下发生缓慢、匀速、持续的微量变形，并伴有局部拉张成剪切破坏，地表可见后缘出现拉裂缝并加宽加深，两侧翼出现断续剪切裂缝。

（2）急剧变形阶段。随着断续破裂（坏）面的发展和相互连通，岩（土）体的强度不断降低，岩（土）体变形速率不断加大，后缘拉裂面不断加深和展宽，前缘隆起，有时伴有鼓张裂缝，变形量也急剧加大。

（3）滑动阶段。当滑动面完全贯通时，阻滑力显著降低，滑动面以上的岩（土）体即沿滑动面滑出。

（4）逐渐稳定阶段。随着滑动能量的耗失，滑动速度逐渐降低，直至最后停止滑动，达到新的平衡。

以上阶段是一个滑坡发展的典型过程。实际发生的滑坡，其阶段并不总是十分完备和典型。由于岩（土）体和滑动面的性质、促滑力的大小、运动方式、滑移体所具有的位能大小等不同，滑坡各阶段的表现形式及过程长短也有很大的差异。

# 1.1.5  滑坡的分类

为了更好地认识和治理滑坡，需要对滑坡进行分类。由于自然界的地质条件和作用因素复杂，各种工程分类的目的和要求又不尽相同，因而可从不同角度进行滑坡分类。根据我国的滑坡类型，可有如下的滑坡划分方法：

## 1.1.5.1  按体积划分

（1）巨型滑坡（体积>1 000 万立方米）。
（2）大型滑坡（体积 100 万～1 000 万立方米）。
（3）中型滑坡（体积 10 万～100 万立方米）。
（4）小型滑坡（体积<10 万立方米）。

## 1.1.5.2  按滑动速度划分

（1）蠕动型滑坡：人们仅凭肉眼难以看见其运动，只能通过仪器观测才能发现的滑坡。
（2）慢速滑坡：每天滑动数厘米至数十厘米，人们凭肉眼可直接观察到滑坡的活动。
（3）中速滑坡：每小时滑动数十厘米至数米的滑坡。
（4）高速滑坡：每秒滑动数米至数十米的滑坡。

## 1.1.5.3  按滑坡体的物质组成和滑坡与地质构造关系划分

（1）覆盖层滑坡：如黏性土滑坡、黄土滑坡、碎石滑坡、风化壳滑坡等。
（2）基岩滑坡：根据与地质结构的关系可分为均质滑坡、顺层滑坡、切层滑坡，顺层滑坡又可分为沿层面滑动或沿基岩面滑动的滑坡。
（3）特殊滑坡：如融冻滑坡、陷落滑坡等。

## 1.1.5.4  按滑坡体的厚度划分

滑坡按滑坡体的厚度不同可分为浅层滑坡、中层滑坡、深层滑坡、超深层滑坡。

### 1.1.5.5　按规模大小划分

滑坡按规模大小不同可分为小型滑坡、中型滑坡、大型滑坡、巨型滑坡。

### 1.1.5.6　按形成年代划分

滑坡按形成年代不同可分为新滑坡、古滑坡、老滑坡、正在发展中滑坡。

### 1.1.5.7　按力学条件划分

滑坡按力学条件不同分为牵引式滑坡、推动式滑坡。

### 1.1.5.8　按物质组成划分

滑坡按物质组成不同分为土质滑坡、岩质滑坡。

### 1.1.5.9　按滑动面与岩体结构面之间的关系划分

滑坡按滑动面与岩体结构面之间的关系不同分为同类土滑坡、顺层滑坡、切层滑坡。

### 1.1.5.10　按结构分类

滑坡按结构不同分为层状结构滑坡、块状结构滑坡、块裂状结构滑坡。

## 1.1.6　滑坡的时间规律

滑坡的活动时间主要与诱发滑坡的各种外界因素有关，如地震、降温、冻融、海啸、风暴潮及人类活动等，大致有如下规律：

### 1.6.1.1　同时性

有些滑坡受诱发因素的作用后，立即活动，如强烈地震、暴雨、海啸、风暴潮等发生时和不合理的人类活动如开挖、爆破等，都会有大量的滑坡出现。

### 1.6.1.2　滞后性

有些滑坡发生时间稍晚于诱发作用因素的时间，如降雨、融雪、海啸、风暴潮及人类活动之后。这种滞后性规律在降雨诱发型滑坡中表现得最为明显。该类滑坡多发生在暴雨、大雨和长时间的连续降雨之后，滞后时间的长短与滑坡体的岩性、结构及降雨量的大小有关。一般来讲，滑坡体越松散、裂隙越发育、降雨量越大，则滞后时间越短。此外，人工开挖坡脚之后，堆载及水库蓄、泄水之后发生的滑坡也属于这类。由人为活动因素诱发的滑坡，其滞后时间的长短与人类活动的强度大小及滑坡的原先稳定程度有关，人类活动强度越大、滑坡体的稳定程度越低，则滞后时间越短。

## 1.1.7　滑坡的分布规律

滑坡的分布规律主要与地质因素和气候等因素有关。通常，下列地带是滑坡的易发和多发地区：

（1）江、河、湖（水库）、海、沟的岸坡地带，地形高差大的峡谷地区，山区、铁路、公路、工程建筑物的边坡地段等。这些地带为滑坡形成提供了有利的地形地貌条件。

（2）地质构造带之中，如断裂带、地震带等。通常，地震烈度大于6度的地区，坡度大于24°的坡体，在地震中极易发生滑坡；断裂带中的岩体破碎、裂隙发育，则非常有利于滑坡的形成。

（3）易滑（坡）的岩、土分布区。如松散覆盖层、黄土、泥岩、页岩、煤系地层、凝灰岩、片岩、板岩、千枚岩等岩、土的存在，为滑坡的形成提供了良好的物质基础。

（4）暴雨多发区或异常的强降雨地区。在这些地区，异常的气候为滑坡发生提供了有利的诱发因素。

上述地带的叠加区域，就形成了滑坡的密集发育区。如我国从太行山到秦岭，经鄂西、四川、云南到西藏东部一带就是这种典型地区，滑坡发生密度极大，危害非常严重。

## 1.1.8　滑坡前的异常现象

不同类型、不同性质、不同特点的滑坡，在滑动之前，均会表现出不同的异常现象，显示出滑坡的预兆（前兆）。归纳起来，常见的异常现象有如下几种：

大滑动之前，在滑坡前缘坡脚处，有堵塞多年的泉水复活现象，或者出现泉水（井水）突然干枯、井（钻孔）水位突变等类似的异常现象。

在滑坡体中，前部出现横向及纵向放射状裂缝，它反映出滑坡体向前推挤并受到阻碍，已进入临滑状态。

大滑动之前，滑坡体前缘坡脚处，土体出现上隆（凸起）现象，这是滑坡明显向前推挤的现象。

大滑动之前，有岩石开裂或被剪切挤压的声响。这种现象反映了深部变形与破裂。动物对此十分敏感，有异常反应。

临滑之前，滑坡体四周岩（土）体会出现小型崩塌和松弛现象。

如果在滑坡体处有长期位移观测资料，那么大滑动之前，无论是水平位移量还是垂直位移量，均会出现加速变化的趋势。这是临滑的明显迹象。

滑坡后缘的裂缝急剧扩展，并从裂缝中冒出热气或冷风。

临滑之前，在滑坡体范围内的动物惊恐异常，植物变态，如猪、狗、牛惊恐不宁、不入睡，老鼠乱窜不进洞，树木枯萎或歪斜等。

# 1.1.9 滑坡识别方法

在野外，从宏观角度观察滑坡体，可以根据一些外表迹象和特征，粗略地判断它的稳定性。

（1）已稳定的老滑坡体有以下特征：

① 后壁较高，长满了树木，找不到擦痕，且十分稳定。

② 滑坡平台宽大且已夷平，土体密实，有沉陷现象。

③ 滑坡前缘的斜坡较陡，土体密实，长满树木，无松散崩塌现象。前缘迎河部分有被河水冲刷过的现象。

④ 河水远离滑坡的舌部，甚至在舌部外已有漫滩、阶地分布。

⑤ 滑坡体两侧的自然冲刷沟切割很深，甚至已达基岩。

⑥ 滑坡体舌部的坡脚有清晰的泉水流出，等等。

（2）不稳定的滑坡体常具有下列迹象：

① 滑坡体表面总体坡度较陡，而且延伸很长，坡面高低不平。

② 有滑坡平台、面积不大，且有向下缓倾和未夷平现象。

③ 滑坡表面有泉水、湿地，且有新生冲沟。

④ 滑坡表面有不均匀沉陷的局部平台，参差不齐。

⑤ 滑坡前缘土石松散，小型坍塌时有发生，并面临河水冲刷的危险。

⑥ 滑坡体上无巨大直立树木。

# 1.2　滑坡稳定性计算

　　土坡系指具有倾斜坡面的土体。由于土坡系面倾斜，在本身重量及其他外力作用下，整个土体都有从高处向低处滑动的趋势，如果土体内部某一个面上的滑动力，超过土体抵抗滑动的能力，就会发生滑坡。在工程建设中，常见的滑坡有两种类型：一种是天然土坡由于水流冲刷、地壳运动或人类活动破坏了它原来的地质条件而产生滑坡，通常用地质条件对比法来衡量其稳定程度；另一种是人工开挖或填筑的人工土坡，由于设计的坡度太陡，或工作条件的变化改变了土体内部的应力状态，使局部地区的剪切破坏，发展成一条连贯的剪切破坏面，土体的稳定平衡状态遭到破坏，因而发生滑坡，这是本章所要讨论的主要内容。

　　本节主要讨论由凝聚性土类组成的均质或非均质土坡，对这类土坡进行稳定分析计算的一种比较简单而实用的方法就是条分法。在此法中，先假定若干可能的剪切面——滑裂面。然后将滑裂面以上土体分成若干垂直土条，对作用于各土条上的力进行力与力矩的平衡分析，求出在极限平衡状态下土体稳定的安全系数，并通过一定数量的试算，找出最危险滑裂面位置及相应的（最低的）安全系数。

## 1.2.1　条分法

　　条分法是在 1916 年由瑞典人彼得森提出的，以后经过费伦纽斯、泰勒等人的不断改进。他们假定土坡稳定问题是个平面应变问题，滑裂面是个圆柱面，计算中不考虑土条之间的作用力，土坡稳定的安全系数是用滑裂面上全部抗滑力矩与滑动力矩之比来定义的。20 世纪 40 年代以后，随着土力学学科的不断发展，也有不少学者致力于条分法的改进。他们的努力大致有两个方面：其一是着重探索最危险滑弧位置的规律，制作数表、曲线，以减小计算工作量；其二是对基本假定作些修改和补充，提出新的计算方法，使之更加符合实际情况。其中，毕肖普等提出的关于安全系数定义的改变，对条分法的发展起了非常重要的作用。和一般建筑材料的强度安全系数相似，毕肖普等将土坡稳定安全系数 $F_s$ 定义为沿整个滑裂面的抗剪强度 $\tau_f$ 与实际产生的剪应力 $\tau$ 之比，即

$$F_s = \frac{\tau_f}{\tau} \tag{1.1}$$

这不仅使安全系数的物理意义更加明确，而且使用范围更广泛，为以后非圆弧滑动分析及土条分界面上条间力的各种考虑方式提供了有利条件。

在滑动土体 $n$ 个土条中任取一条记为 $i$，如图 1.1 所示，其上作用的已知力有：土条本身重量 $W_i$、水平作用力（例如地震惯性力）$Q_i$，作用于土条两侧的孔隙压力（水压力）$U_l$ 及 $U_r$，以及作用于土条底部的孔隙压力 $U_i$。另外，当滑裂面形状确定以后，土条的有关几何尺寸，如底部坡角 $\alpha_i$、底长 $l_i$ 以及滑裂面上的强度指标 $c_i'$、$\tan\varphi_i'$ 也都是定值。因此，对整个滑动土体来说，为了达到力的平衡，我们所要求的未知量如下：

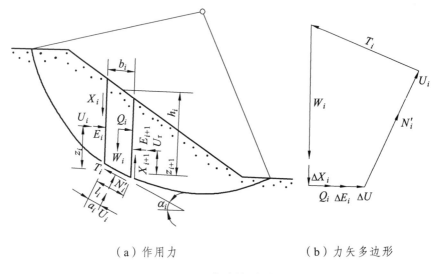

（a）作用力　　　　　　（b）力矢多边形

图 1.1　条分法原理

（1）每一条土条底的有效法向反力 $N_i'$，计 $n$ 个。

（2）安全系数 $F_s$（按安全系数的定义，每一土条底部的切向力 $T_i$ 可用法向力 $N_i$ 及 $F_s$ 求出），1 个。

（3）两相邻土条分界面上的法向条间力 $E_i$，计 $n-1$ 个。

（4）两相邻土条分界面上的切向条间力 $X_i$（或 $X_i$ 与 $E_i$ 的交角 $\theta_i$），计 $n-1$ 个。

（5）每一土条底部 $T_i$ 及 $N_i$ 合力作用点位置 $\alpha_i$，计 $n$ 个。

（6）两相邻土条条间力 $X_i$ 及 $E_i$ 合力作用点位置 $Z_i$，计 $n-1$ 个。

这样，共计有 $5n-2$ 个未知量，而我们所能得到的只有各土条水平向及垂直向力的平衡以及力矩平衡共 $3n$ 个方程。因此，土坡的稳定分析问题实际上是一个高次超静定问题。如果把土条取得极薄，土条底部 $T_i$ 及 $N_i$ 合力作用点可近似认为作用于土条底部的中点，$\alpha_i$ 为已知。这样未知量减少为 $4n-2$ 个，但与方程数相比，还有 $n-2$ 个未知量无法求出，要使问题得解就必须建立新的条件方程。这有两个可能的途径：一种是引进土体本身的应力-应变关系，但这会使问题变得非常复杂；另一种就是作出各种简化假定以减少未知量或增加方程数。这样的假定大致有下列三种：

（1）假定 $n-1$ 个 $X_i$ 值。其中，最简单的就是毕肖普在他的简化方法中假定所有的 $X_i$ 均为零。

（2）假定 $X_i$ 与 $E_i$ 的交角或条间力合力的方向（这个方向通常通过试算加以确定）。属于这一类的有斯宾塞法、摩根斯坦-普赖斯法、沙尔玛法以及目前国内工业、民用建筑及铁道部门使用很广泛的不平衡推力传递法等。

（3）假定条间力合力的作用点位置。例如，简布提出的普遍条分法。

作了这些假定之后，超静定问题就可以转化为静定问题，而且，一般来说，这些方法都并不一定要求滑裂面是个圆柱面。但各类方法的计算步骤大都仍然非常复杂，一般均需试算或迭代，好在电子计算技术发展很快，那些烦琐的计算步骤均可编成固定的程序，在计算机上只要花费几分钟时间，就可使最复杂的问题得出完满的结果。

考虑土条条间力的作用，可以使稳定安全系数得到提高，但任何合理的假定求出的条间力必须满足下列两个条件：

（1）在土条分界面上不违反土体破坏准则。即由切向条间力得出的平均剪应力应小于分界面土体的平均抗剪强度，或每一土条分界面上的抗剪安全系数 $F_u$ 必须大于1（作为平衡设计，$F_u$ 应不小于 $F_s$）。

（2）一般地说，不允许土条之间出现拉力。

如果这些条件不能满足，就必须修改原来的假定，或采用别的计算方法。为此，对于考虑条间力作用的各种方法，稳定分析的最后结果，除求出滑裂面上的最小安全系数 $F_{smin}$ 以外，还要求出各土条分界面上的安全系数 $F_v$ 以及条间力合力作用点的位置以资校核。

研究表明，为减少未知量所作的各种假定，在满足合理性要求的条件下，其求出的安全系数差别都不大。因此，从工程实用观点看，在计算方法中无论采用何种假定，并不影响最后求得的稳定安全系数值。进行边坡稳定性分析的目的，就是要找出所有既满足静力平衡条件又满足合理性要求的安全系数解集，而且确认这个解集的上、下限非常接近。从工程实用角度看，实际安全系数只相当于这个解集的一个点，这个点就是所分析土坡的稳定安全系数，这样求得的解被称为"严格解"。

但必须指出，采用极限平衡方法来分析边坡稳定，由于没有考虑土体本身的应力-应变关系和实际工作状态，所求出的土条间的内力或土条底部的反力均不能代表土坡在实际工作条件下真正的内力或反力，更不能求出变形。我们只是利用这种通过人为假定的虚拟状态来求出安全系数而已。由于在求解中作了许多假定，不同的假定求出的结果是不同的。因此，实际上并不存在一个"精密解"。

大量计算资料表明，对于基于极限平衡理论的各种稳定分析方法，当采用的滑裂面为圆柱面时，尽管求出的 $F_{smin}$ 各不相同，但最危险滑弧的位置却很接近，而且在最危险滑弧附近，$F_s$ 值的变化很不灵敏。因此，完全可能利用最简单的瑞典圆弧滑动法来确定最危险滑弧的位置，然后对最危险滑弧或再加上附近少量的滑弧，用比较严格但又比较复杂的方法来核算它的安全系数，这样可使计算工作量大为减小。

下面简述"条分法"的计算方法：

滑动面通过坡脚，在计算中当作平面问题看待。

计算时，按比例绘出边坡剖面（图 1.2），任选一圆心 $O$，以 $Oa$ 为半径作圆弧，$ab$ 为滑动面，将滑动面以上土体分成几个等宽（不等宽亦可）的土条。设土条自重（包括土条顶面的荷载）为 $W_i$，为简化计算，假设土条侧面上的法向力 $p_i$、$p_{i+1}$，和剪力 $X_i$、$X_{i+1}$ 的合力相平衡（图 1.3），则作用于滑动面 $fg$ 上的法向反力 $N_i$ 和剪切力 $T_i$ 分别为

$$N_i = W_i \cos \beta_i \tag{1.2}$$

$$T_i = W_i \sin \beta_i \tag{1.3}$$

构成滑阻力的还有黏聚力 $c_i$，则滑动面 $ab$ 上的总滑动力矩为

$$TR = R \cdot \sum T_i = R \cdot \sum W_i \sin \beta_i \tag{1.4}$$

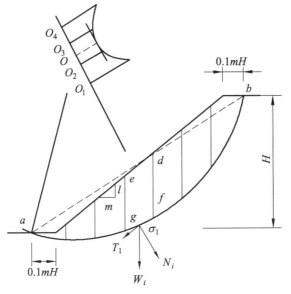

图 1.2　土坡剖面

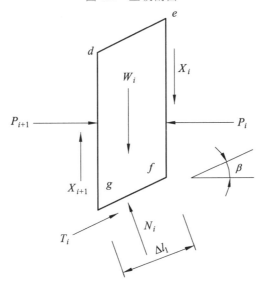

图 1.3　作用于土条上的力

边坡稳定系数 $K$ 为

$$K = \frac{T'R}{TR} = \frac{\sum (W_i \cos \beta_i \tan \varphi_i + c_i l_i)}{\sum W_i \sin \beta_i} \tag{1.5}$$

式中：$K$——边坡稳定安全系数，一般取 1.25～1.43；

$l_i$——分条的圆弧长度（m）；

$\varphi_i$——分条土的内摩擦角（°）；

$\beta_i$——分条的坡角（°）；

$R$——滑动圆弧的半径（m）；

$T$——滑动面上总滑动力（N）；

$T'$——滑动面上总阻滑力（N）。

如果有地下水，则需考虑孔隙水压力 $u$ 的影响，按下式计算边坡稳定安全系数：

$$K = \frac{\sum\left[(W_i \cos \beta_i - u_i l_i) \tan \varphi'_i + c'_i l_i\right]}{\sum W_i \sin \beta_i} \qquad (1.6)$$

式中：$c'_i$、$\varphi'_i$——有效内聚力（kPa）和有效内摩擦角（°）；

$u_i$——分条土的孔隙水压力（kPa）。

## 1.2.2　毕肖普法

毕肖普考虑了条间力的作用，并按照式（1.1）关于安全系数的定义，在 1955 年提出了一个安全系数计算公式。如图 1.4 所示，$E_i$ 及 $X_i$ 分别表示法向

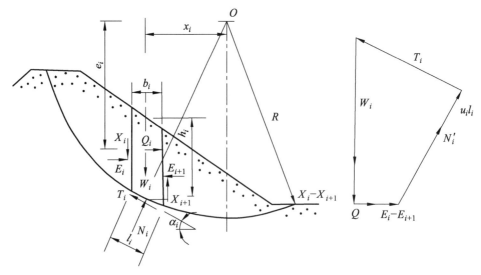

图 1.4　毕肖普法

及切向条间力，$W_i$ 为土条自重，$Q_i$ 为水平作用力，$N_i$、$T_i$ 分别为土条底部的总法向力（包括有效法向力及孔隙应力）和切向力，其余符号见图 1.4。根据每一土条垂直方向力的平衡条件有：

$$W_i + X_i - X_{i+1} - T_i \sin \alpha_i - N_i \cos \alpha_i = 0 \tag{1.7}$$

$$\text{或 } N_i \cos \alpha_i = W_i + X_i - X_{i+1} - T_i \sin \alpha_i \tag{1.8}$$

按照安全系数的定义及莫尔-库仑准则，$T_i$ 可用式（1.8）表示，代入式（1.7），求得土条底部总法向力为

$$N_i = \left[ W_i + (X_i - X_{i+1}) - \frac{c_i' l_i \sin \alpha_i}{F_s} + \frac{u_i l_i \tan \varphi_i' \sin \alpha_i}{F_s} \right] \frac{1}{m_{\alpha i}} \tag{1.9}$$

$$m_{\alpha i} = \cos \alpha_i + \frac{\tan \varphi_i' \sin \alpha_i}{F_s} \tag{1.10}$$

在极限平衡时，各土条对圆心的力矩之和应当为零，此时条间力的作用将相互抵消。因此，得

$$\sum W_i x_i - \sum T_i R + \sum Q_i e_i = 0 \tag{1.11}$$

将式（1.9）、式（1.11）代入式（1.10），且 $X_i = R \sin \alpha_i$，最后得到安全系数的公式为

$$F_s = \frac{\sum \dfrac{1}{m_{\alpha i}} \left\{ c_i' b_i + \left[ W_i - u_i b_i + (X_i - X_{i+1}) \right] \tan \varphi_i' \right\}}{\sum W_i \sin \alpha_i + \sum Q_i \dfrac{e_i}{R}} \tag{1.12}$$

式中，$X_i$ 及 $X_{i+1}$ 是未知的。为使问题得解，毕肖普又假定各土体之间的切向条间力均略去不计，也就是假定条间力的合力是水平的，这样式（1.12）可简化成

$$F_s = \frac{\sum \dfrac{1}{m_{\alpha i}} \left[ c_i' b_i + (W_i - u_i b_i) \tan \varphi_i' \right]}{\sum W_i \sin \alpha_i + \sum Q_i \dfrac{e_i}{R}} \tag{1.13}$$

这就是国内使用相当普遍的简化毕肖普法。因为在 $m_\alpha$ 内也有 $F_s$ 这个因子，所以在求 $F_s$ 时要进行试算。在计算时，一般可先假定 $F_s=1$，求出 $m_\alpha$（或假定 $m_\alpha=1$），再求 $F_s$，再用此 $F_s$ 求出新的 $m_\alpha$ 及 $F_s$，如此反复迭代直至假

定的 $F_s$ 和算出的 $F_s$ 非常接近为止，根据经验，通常只要迭代 3~4 次就可满足精度要求，而且迭代通常总是收敛的。

必须指出：对于 $\alpha_i$ 为负值的那些土条，要注意会不会使 $m_\alpha$ 趋近于零，如果是这样，则简化毕肖普法就不能用。这是由于在计算中略去了 $X_i$ 的影响，却又要令各土条维持极限平衡，当土条的 $\alpha_i$ 使 $m_\alpha$ 趋近于零时，$N_i$ 就趋近于无穷大，当 $\alpha_i$ 的绝对值更大时，土条底部的 $T_i$ 将要求和滑动方向相同，这是与实际情况相矛盾的。根据某些学者的意见，当任一土条的 $m_\alpha \leqslant 0.2$ 时，就会使求出的 $F_s$ 值产生较大的误差，此时就应考虑 $X_i$ 的影响或采用别的计算方法。

为了考虑 $X_i$ 的影响，除了采用以下各节介绍的方法外，也可以用式（1.12）加以考虑。

对于比较平缓的均质土坡，式中 $X_i - X_{i+1}$ 的值可以用潘家铮根据弹性理论推求出来的简化公式（1.13）加以估算，即

$$X_i - X_{i+1} = k_\beta W_i(\tan\beta - \tan\alpha_i) \tag{1.14}$$

式中：$\beta$ 是土坡的坡角（°）；$k_\beta$ 是一个系数，可用式（1.15）计算得出：

$$k_\beta = a\frac{\gamma}{1-\gamma} - b \tag{1.15}$$

其中：$a$、$b$ 为与坡角 $\beta$ 有关的两个系数，$k_\beta$ 中给出了它们的值；$\gamma$ 为 $\frac{\gamma}{1-\gamma}$ 的泊松比，其值大致在 0.6~1.0 之间变化。

$X_i$ 为沿水平轴分布的力，一般呈两端为零、中央凸出的曲线形，从而边坡顶部几个土条的（$X_i - X_{i+1}$）值一般为负，而靠近边坡出口处则常常为正。而且因为 $X_i$ 是各土条之间的内力，所以对整个土体来说，必须满足 $\sum(X_i - X_{i+1}) = 0$ 的条件。

## 1.2.3  稳定系数法

为了能迅速求出用有效应力分析得到的最小稳定安全系数，毕肖普和摩根斯坦在 1960 年提出了稳定系数法。他们应用简化毕肖普法对没有戗道的均质土坡进行了分析，认为对一定的抗剪强度，土坡最小稳定安全系数 $F_{smin}$ 与整个土坡断面的平均孔隙应力比 $r_u$ 接近于直线关系（图 1.5），即

$$F_{smin} = M = Nr_u$$

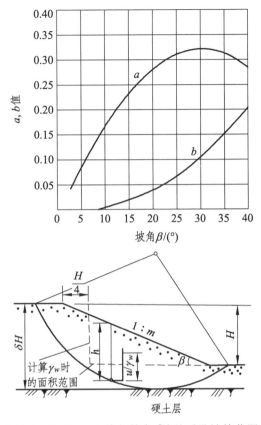

图 1.5　系数 $a$、$b$ 值与坡角 $\beta$ 的关系及计算范围

式中，孔隙应力比 $r_u$ 是用式（1.16）定义的，即

$$r_u = \frac{u}{\gamma h} \tag{1.16}$$

其中：$u$——土坡断面中某一点的孔隙应力（kPa）。

地基与填方土质无显著差别时，最危险滑裂面也可能深入坝基内，此时并无明显的硬土层存在。有的硬土层埋藏很深，最危险滑裂面底部不一定与它相切，为此，需要利用图中以虚线表示的等 $r_{ue}$ 线，求出最危险滑裂面的深度因素 $\delta$，再由这个 $\delta$ 来求出稳定系数 $M$、$N$。此时，对于给定的一组参数（$m$、$\phi'$、$\dfrac{c'}{\gamma H}$），必有一个孔隙应力比使 $\delta$ 比较低时的安全系数与 $\delta$ 比较高时的安全系数相等，如图 1.6 所示。这一孔隙应力比即 $r_{ue}$，表示为

$$r_{ue} = \frac{M_2 - M_1}{N_2 - N_1} \tag{1.17}$$

式中：$M_2$、$N_2$——由比较高的 $\delta$ 求出的稳定系数；

$M_1$、$N_1$——由比较低的 $\delta$ 求出的稳定系数。

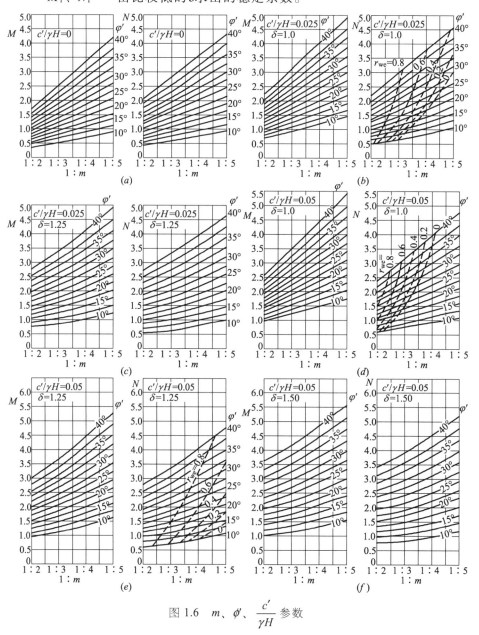

图 1.6　$m$、$\phi'$、$\dfrac{c'}{\gamma H}$ 参数

当一个土坡的 $\dfrac{c'}{\gamma H}$、$m$、$\phi'$ 及 $r_u$ 值已经确定，可以先由 $\dfrac{c'}{\gamma H}$ 及 $\delta=1.0$，根据 $m$ 及 $\phi$ 查图上的虚线，得到相应的 $r_{ue}$，如果 $r_{ue}<r_u$，则说明 $\delta=1.25$ 时的安全系数比 $\delta=1.0$ 时的低，需要利用 $\delta=1.25$ 的图进一步检查，直到求出的 $r_{ue}>r_u$，则相应的 $\delta$ 就是最危险滑裂底部的深度因素，可由此查得 $M$、$N$ 并算出 $F_{smin}$。

例如：某均质土坡，其 $\dfrac{c'}{\gamma H}=0.05$，坡比为 1：4，$\phi'=30°$，设计的 $r_u=0.5$，第一层硬土层的深度因素 $\delta=1.43$，求最小稳定安全系数 $F_{smin}$。

（1）由 $\dfrac{c'}{\gamma H}=0.05$，$m=4$，$\phi'=30°$ 查图 1-6（d），得 $\delta=1.0$ 时 $r_{ue}<0.5$，因此 $\delta=1.0$ 不是最危险滑裂面底部所在深度。

（2）同样由 $\dfrac{c'}{\gamma H}=0.05$，$m=4$，$\phi'=30°$ 查图，得 $\delta=1.25$ 时，$r_{ue}=0.72$，因为 $r_{ue}>r_u$，所以虽然实际的 $\delta=1.43$，但最危险滑裂面底部的深度因素 $\delta=1.25$。

（3）由图查出 $M=3.2$、$N=2.8$。

（4）计算 $F_{smin}$：

$$F_{smin}=3.2-2.8 \times 0.5=1.8$$

# 1.2.4　简布的普遍条分法

## 1.2.4.1　普遍条分法的基本假定和计算公式

如图 1.7 所示是土坡断面最一般的情况，土坡面是任意的，上面作用着各种荷载，剪切面（滑裂面）也是任意的。推力线是指土条两侧作用力（条间力）合力作用点位置的连线。在整个土坡的两侧作用着侧向的推力 $E_a$、$E_b$ 和剪力 $T_a$、$T_b$。

如果在土坡断面中任取一土条，如图 1.8 所示，其上作用着集中荷载 $\Delta P$、$\Delta Q$ 及匀布荷载 $q$，$\Delta W_\gamma$ 为土条自重，在土条两侧作用有条间力 $T$、$E$ 及 $T+\Delta T$、$E+\Delta E$，$\Delta S$ 及 $\Delta N$ 则为滑裂面上的作用力。一般来说，$T$、$E$、$\Delta S$ 及 $\Delta N$ 为基本未知量。

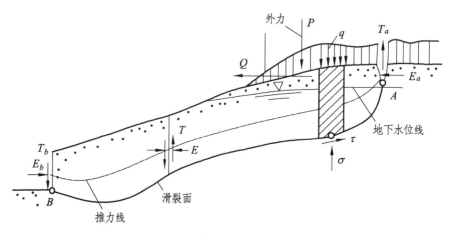

图 1.7　简布法计算图式

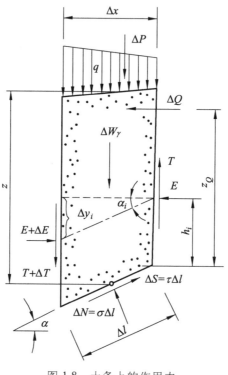

图 1.8　土条上的作用力

为了求出一般情况下土坡稳定的安全系数以及滑裂面上的应力分布，可以采用简布的普遍条分法（GPS 法）。在平面应变问题的条件下，简布做了如下假定：

（1）整个滑裂面上的稳定安全系数是一样的，其定义表达式为

$$F_s = \frac{-\tau f}{\tau} \tag{1.18}$$

（2）土条上所有垂直荷载的合力 $\Delta W = \Delta W_\gamma + q\Delta x + \Delta P$，其作用线和滑裂面的交点与 $\Delta N$ 的作用点为同一点。

（3）推力线的位置假定已知。根据土压力计算理论，可以简单地假定土条侧面推力成直线分布，如果坡面没有超载，对于非黏性土（$c'=0$），推力线应选在（或靠近）土条下三分点处；对于黏性土（$c'>0$）则在这点以上（被动情况）或在这点以下（主动情况）。如果坡面有超载，侧向推力成梯形分布，则推力线应通过梯形的形心。

简布假定 $\Delta W$ 和 $\Delta N$ 的作用点是同一点，这是不大合理的，但其影响在推导公式中属于二阶微量，可予忽略。至于推力线位置的变化，主要影响土条侧向力的分布，对安全系数的影响很小。

对于每一土条，根据所假定的滑裂面，可以量得滑裂面坡度 $\tan\alpha$ 及土条宽 $\Delta X$。单位土条宽度上作用的总垂直荷载为 $p = \dfrac{\Delta W}{\Delta x} = \gamma z + q + \dfrac{\Delta P}{\Delta x}$，式中 $\gamma$ 为土的容重。水平荷载为 $\Delta Q$，其作用点位置与滑裂面的距离为 $z_Q$。当推力线位置确定以后，尚可量得推力线与滑裂面的垂直距离 $h_t$ 及推力线的坡度 $\tan\alpha_t$。

根据力及力矩平衡条件，对每一土条，可列出下列 4 个基本方程，即

$$\tau = \frac{\tau f}{F_s} = \frac{c'}{F_s} + (\sigma - u)\frac{\tan\varphi'}{F_s} \tag{1.19}$$

$$\sigma = p + t - \tau\tan\alpha \tag{1.20}$$

$$\Delta E = \Delta Q + (p+t)\Delta x\tan\alpha - \tau\Delta x(1+\tan^2\alpha) \tag{1.21}$$

$$T = -E\tan\alpha_t + h_t\frac{dE}{dx} - z_Q\frac{dQ}{dx} \tag{1.22}$$

式（1.19）是滑裂面上的平衡条件，$u$ 为滑裂面上的孔隙应力；式（1.20）是力的垂直平衡方程，式中 $t = \Delta T/\Delta x$；式（1.21）是力的水平平衡方程，其中 $\sigma$ 是用式（1.20）代入消去的；式（1.22）则是根据力矩平衡条件得出的，式中 $\Delta x$ 的高次项已略去。对于整个滑动土体，整体的水平作用力平衡要求为

$$\sum \Delta E = E_b - E_a$$

将式（1.21）代入上式，得

$$E_b - E_a = \sum \left[ \Delta Q + (p+t)\Delta x \tan \alpha \right] - \sum \tau \Delta x (1 + \tan^2 \alpha) \qquad （1.23）$$

根据假定，$\tau = \dfrac{\tau_f}{F_s}$，代入式（1.23），得

$$F_s = \frac{\sum \tau_f \Delta x (1 + \tan^2 \alpha)}{E_a - E_b + \sum \left[ \Delta Q + (p+t)\Delta x \tan \alpha \right]} \qquad （1.24）$$

而

$$\tau_f = c' + (\sigma - u)\tan \varphi' = c' + (p + t - u - \tau \tan \alpha)\tan \varphi'$$
$$= c' + \left( p + t - u - \frac{\tau_f}{F_s} \tan \alpha \right)\tan \varphi' \qquad （1.25）$$

因为式子两边均包含有 $F_s$ 项，须用迭代法试算。

由式（1.25）得

$$\tau_f = \frac{c' + (p + t - u)\tan \varphi'}{1 + \tan \alpha \tan \varphi' / F_s} \qquad （1.26）$$

为了使公式简化，引入

$$M = \tau_f \Delta x (1 + \tan^2 \alpha) \qquad （1.27）$$

$$N = \Delta Q + (p+t)\Delta x \tan \alpha \qquad （1.28）$$

将式（1.26）代入式（1.27），并令

$$M' = [c' + (p + t - u)\tan \varphi']\Delta x \qquad （1.29）$$

$$\eta_\alpha = \frac{1 + \tan \alpha \tan \varphi' / F_s}{1 + \tan^2 \alpha} \qquad （1.30）$$

得

$$M = M' / \eta_\alpha \qquad （1.31）$$

由式（1.30）制成 $\dfrac{\tan \varphi'}{F_s} - \tan \alpha - \eta_\alpha$ 的关系曲线（图1.9）以备查用。

式（1.24）简化以后为

$$F_s = \frac{\sum M}{E_a - E_b + \sum N} \qquad (1.32)$$

滑裂面上的剪应力 $\tau$ 可由式（1.26）求出，即

$$\tau = \frac{\tau f}{F_s} = \frac{M}{F_s(1+\tan^2\alpha)\Delta x} \qquad (1.33)$$

正应力 $\sigma$ 则直接由基本方程式（1.25）求得。

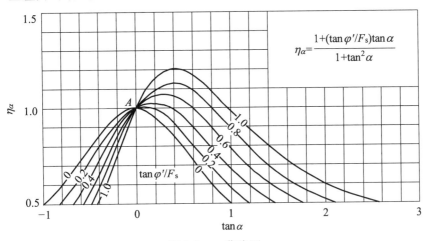

图 1.9    $\eta\alpha$ 曲线图

必须指出，在上列各式中，$T$ 及 $t = \Delta T/\Delta x$ 是未知的。为了求解 $T$ 及 $t$，由

$$\Delta E = N - \frac{M}{F_s} \qquad (1.34)$$

每一土条侧向水平作用力可由 $A$ 点开始（图 1.9），从上往下逐条推求，即

$$E = E_a + \sum \Delta E \qquad (1.35)$$

求出 $E$ 以后，$T$ 即可由基本方程式（1.30）求得，当土条两侧的 $T$ 均已知时，该土条的 $\Delta T$ 及 $t$ 就很容易求出来了。但因为求 $M$、$N$ 的式（1.28）及式（1.29）中均含有 $t$ 项，所以 $t$ 并不能直接解出，也必须用迭代法来解决。

用普遍条分法不仅可以求出沿滑裂面的平均安全系数 $F_s$ 及滑裂面上应力 $\sigma$ 及 $\tau$ 的分布，还可以求出各土条分界面上抵抗剪切的安全系数 $F_u$，作为校核之用。

因为各土条分界面上的作用力 $E$ 及 $T$ 已经求出，如果分界面的长度为 $z$，则分界面上平均的水平向应力为 $\sigma_h = \dfrac{E}{z}$，垂直向（切向）应力为 $\tau_u = \dfrac{T}{z}$，$\sigma_h$ 可假定沿界面呈直线分布，若 $E$ 的作用点位于下三分点，则分布图形为三角形，否则为梯形。若分界面上的总孔隙水应力为 $U_h$（方向水平），平均孔隙应力为 $u_h = \dfrac{U_h}{z}$，则

$$F_u = \frac{\tau f_u}{\tau_u} = \frac{c' + (\sigma_h - u_h)\tan\varphi'}{\tau_u} = \frac{c'z + (E - U_h)\tan\varphi'}{T} \qquad (1.36)$$

式中：$c'$ 及 $\varphi'$ 取分界面上的平均强度指标。一般来说，$F_u \geqslant F_s$。

### 1.2.4.2 普遍条分法的计算步骤

应用普遍条分法的具体计算步骤如下：

（1）假定滑裂面，划分土条，求出各土条的 $\tan\alpha$、$\Delta x$、$p = \gamma z + q + \dfrac{\Delta P}{\Delta x}$、$u$、$c'$、$\tan\varphi'$ 及 $\Delta Q$。

（2）假定 $t_0 = 0$，求出

$$N_0 = \Delta Q + p\Delta x \tan\alpha$$
$$M_0' = \left[ c' + (p - u)\tan\varphi' \right]\Delta x$$

（3）先假定 $\eta_{\alpha 0} = 1$，则 $M_0 = M_0'$，得

$$F_{s0}' = \frac{\sum M_0'}{E_a - E_b + \sum N_0}$$

（4）由 $F_{s0}'$ 选取 $F_{s0}^*$（一般 $F_{s0}^* > F_{s0}'$），求出 $\eta_{\alpha 0}$，再求出 $M_0 = \dfrac{M_0'}{\eta_{\alpha 0}}$。

（5）再由 $M_0$、$N_0$ 求出 $F_{s0} = \dfrac{\sum M_0}{E_a - E_b + \sum N_0}$，若求出的 $F_{s0}$ 与 $F_{s0}^*$ 相比误差小于 5%，则可选用，否则重新假定 $F_{s0}^*$，重新计算。

（6）当 $t_0 = 0$ 时，$\Delta E_0 = N_0 - \dfrac{M_0}{F_{s0}}$。

（7）求出各土条分界面的 $E_0$，从坡顶逐条往下推，$E_0 = E_a + \sum \Delta E_0$，直

到最后满足条件 $E_a - E_b = + \sum \Delta E_0$。

（8）根据推力线位置求出 $\tan \alpha_t$、$h_t$、$z_Q$。

（9）求 $\dfrac{\mathrm{d}E}{\mathrm{d}x}$，即

$$\left( \frac{\mathrm{d}E}{\mathrm{d}x} \right)_{i,i+1} \approx \frac{\Delta E_i + \Delta E_{i+1}}{\Delta x_i + \Delta x_{i+1}}$$

（10）求得各土条分界面上第一个近似的 $T$ 值：

$$T_1 = -E_0 \tan \alpha_t + h_t \frac{\mathrm{d}E}{\mathrm{d}x} - z_Q \frac{\mathrm{d}Q}{\mathrm{d}x}$$

（11）求出每一土条的 $\Delta T$ 值：

$$\Delta T_i = T_{i,i+1} - T_{i,i+1}$$

（12）求出每一土条的 $t$ 值：

$$t_i = \frac{\Delta T_i}{\Delta x_i}$$

（13）求出 $M$、$N$ 的第一次近似值：

$$N_1 = N_0 + \Delta T \tan \alpha$$

$$M_1' = M_0' + \Delta T \tan \varphi'$$

（14）由 $F_{s0}$ 假定 $F_{s1}^*$ 求出各土条的 $\eta_{\alpha 1}$。

（15）求得 $M_1 = \dfrac{M_1'}{\eta_{\alpha 1}}$，$F_{s1} = \dfrac{\sum M_1}{E_a - E_b + \sum N}$，若 $F_{s1}$ 与 $F_{s1}^*$ 相比误差小于 5%，则可选用，否则重新假定 $F_{s1}^*$，重新计算。

（16）重复步骤（6）～步骤（15），从 $\Delta E_1 = N_1 - \dfrac{M_1}{F_{s1}}$ 开始，直到算出安全系数的第二次近似值 $F_{s2}$，将 $F_{s2}$ 与 $F_{s1}$ 比较，若符合精度要求，则迭代结束，取 $F_s = F_{s2}$，否则继续迭代，一般仅需迭代 3 次。

（17）当 $F_s$ 确定以后，由式（1.28）、式（1.36）求出各土条滑裂面上的

应力 $\sigma$ 及 $\tau$，此时已得如下成果：沿滑裂面的平均安全系数 $F_s$、所有土条分界面上的作用力 $E$ 及 $T$、每一土条底面的平均应力 $\sigma$ 及 $\tau$。

（18）校核每一土条分界面上的抗剪安全系数 $F_u$。

（19）绘制成果，计算结束。

因为普遍条分法通常用来校核一些形状比较特殊的滑裂面（如复杂的软土层面），所以不必要假定很多的剪切面进行计算。

### 1.2.4.3　王复来对简布法的改进

20 世纪 70 年代末，王复来同志对简布的方法作了很有价值的改进，他从任一土条上各种作用力的极限静力平衡条件出发，导出了类似式（1.31）~式（1.34）这样一组基本方程，由此可以求解 $\Delta E$、$\Delta T$、$\Delta N$、$\Delta S$ 四个基本未知量。对第 $n$ 条土条，如图 1.8 所示，如果土条侧面的推力是由下往上逐条推算的，则土条左边的侧向力为 $T_n$、$E_n$，右边的侧向力为 $T_{n+1}$、$E_{n+1}$，$\Delta E$ 及 $\Delta T$ 的正负号与普遍条分法相反。对基本方程式进行适当的换算、整理，可得到

$$E_{n+1} - E_n = \frac{c' + (p+t-u)\tan\varphi'}{F_s + \tan\alpha\tan\varphi'}\Delta x(1+\tan^2\alpha) - \Delta Q - (p+t)\Delta x\tan\alpha \qquad （1.37）$$

当土条宽度取得足够小时，可以认为 $\Delta x$、$\Delta E$、$\Delta T$ 均趋近于零，如果在推导公式的过程中再略去二阶微量，可以近似地求出

$$T_{n+1} = E_n\left(\tan\alpha - \frac{h_n}{\Delta x}\right) + E_{n+1}\frac{h_{n+1}}{\Delta x} + \frac{\Delta Q}{\Delta x}z_Q \qquad （1.38）$$

式中：$h_n$ 及 $h_{n+1}$ 分别为土条两侧推力作用点与土条侧面底部的距离，与前式是不完全一样的。经过整理，还可以求出

$$E_{n+1} = \frac{1}{1 - \dfrac{h_n+1}{\Delta x}\left(\dfrac{\tan\varphi'(1+\tan^2\alpha)}{F_s + \tan\alpha\tan\varphi'} - \tan\alpha\right)} \times$$
$$\left\{E_n + \left[c' + (p-u)\tan\varphi'\right]\dfrac{\Delta x(1+\tan^2\alpha)}{F_s + \tan\alpha\tan\varphi'} - \Delta Q - p\Delta x\tan\alpha - \right.$$
$$\left.\left[E_n\left(\dfrac{h_n}{\Delta x} - \tan\alpha\right) - \dfrac{\Delta Q}{\Delta x}z_Q + T_n\right]\left[\dfrac{\tan\varphi'(1+\tan^2\alpha)}{F_s + \tan\alpha\tan\varphi'} - \tan\alpha\right]\right\} \qquad （1.39）$$

安全系数 $F_s$ 的公式和式（1.39）完全相同，如果土坡两端没有外力，即 $E_a$、$E_b$、$T_b$ 均等于零，同时假定土条划分为 $m$ 条，则有

$$F_s = \frac{\sum_{n=1}^{m} \left[ c'\Delta x + (p\Delta x + \Delta T - u\Delta x)\tan\varphi' \right] \dfrac{1+\tan^2\alpha}{1+\dfrac{\tan\alpha\tan\varphi'}{F_s}}}{\sum_{n=1}^{m} \left[ \Delta Q + (p\Delta x + \Delta T)\tan\alpha \right]} \qquad (1.40)$$

解题时，可用试算法或迭代法。

试算法利用式（1.40），先假定一个 $F_s$，根据 $E_1=0$ 的初始边界条件，由下往上逐条推求各土条的侧向推力 $E_{n+1}$，直至第 $m$ 条，如果求出的 $E_{m+1}=0$，则所假设的安全系数即为所求，否则要另行假定 $F_s$ 重复计算；也可假设三个以上的 $F_s$，求出 $F_s$ 与 $E_{m+1}$ 的关系曲线，由 $E_{m+1}=0$ 求出所要求的 $F_s$ 值。

迭代法的步骤要比普遍条分法简单一些。首先假设 $F_{s0}$，据初始边界条件 $E_1=0$、$T_1=0$ 从下往上逐条推求侧向推力，直至第 $m$-$1$ 条土条，分别求出 $E_2$、$E_3$…$E_m$ 及 $T_2$、$T_3$…$T_m$；再根据 $T_{m+1}=0$ 的条件，算得各土条的 $\Delta T_1$、$\Delta T_2$…$\Delta T_m$；再用所设的 $F_{s0}$ 及 $\Delta T_1$…$\Delta T_m$ 代入式（1.40）算得安全系数的第一次近似值 $F_{s1}$；核算 $F_{s1}$ 与 $F_{s0}$ 的相对误差是否满足精度要求，如不满足则以 $F_{s1}$ 作为 $F_{s0}$，重复上述步骤，直至相邻两次迭代计算得到的 $F_s$ 值其相对误差满足要求为止。王复来法的基本出发点和普遍条分法是一样的，其计算精度也相差无几，但使用起来却比普遍条分法方便。

## 1.2.5 斯宾塞法

斯宾塞假定相邻土条之间的法向条间力 $E$ 与切向条间力 $X$ 之间有一固定的常数关系，即

$$\frac{X_i}{E_i} = \frac{X_{i+1}}{E_{i+1}} = \tan\theta \qquad (1.41)$$

因此，各条间力合力 $P$ 的方向是相互平行的。取垂直土条底部方向力的平衡，则

$$N_i + (P_i - P_{i+1})\sin(\alpha_i - \theta) - W_i\cos\alpha_i = 0$$

再取平行土条底部方向力的平衡，则

$$T_i - (P_i - P_{i+1})\cos(\alpha_i - \theta) - W_i\sin\alpha_i = 0$$

同时，根据安全系数的定义及莫尔-库仑准则，可得

$$T_i = \frac{c_i' l_i}{F_s} + [N_i - u_i l_i] \frac{\tan \varphi'}{F_s}$$

又由 $l_i = b_i \sec \alpha_i$，综合上列各式，可求出土条两侧条间力合力之差为

$$P_i - P_{i+1} = \frac{\dfrac{c_i' b_i}{F_s} \sec \alpha_i + \dfrac{\tan \varphi_i'}{F_s} (W_i \cos \alpha_i - u_i b_i \sec \alpha_i) - W_i \sin \alpha_i}{\cos(\alpha_i - \theta) \left[ 1 + \dfrac{\tan \varphi_i'}{F_s} \tan(\alpha_i - \theta) \right]}$$

对整个滑动土体来说，为了维持力的平衡，必须满足水平和垂直方向的平衡条件，即

$$\sum (P_i - P_{i+1}) \cos \theta = 0$$
$$\sum (P_i - P_{i+1}) \sin \theta = 0$$

因为 $\theta$ 是个常数，$\sin\theta$ 和 $\cos\theta$ 不可能为零，故上列两式实际上是同一个平衡条件，即

$$\sum (P_i - P_{i+1}) = 0 \qquad\qquad （1.42）$$

同样，对整个滑动土体，还必须满足力矩平衡条件，即

$$\sum (P_i - P_{i+1}) \cos(\alpha_i - \theta) R = 0 \qquad\qquad （1.43）$$

式中：$R$ 为各土条底部中点离转动中心的距离，如果取滑裂面为圆柱面，$R$ 就是圆弧的半径，而且对所有土条都是常数，则上式可写成

$$\sum (P_i - P_{i+1}) \cos(\alpha_i - \theta) = 0 \qquad\qquad （1.44）$$

将式（1.41）分别代入式（1.42）及式（1.44），可得到两个方程，而当土坡的几何形状及滑裂面已定，同时土质指标又已知时，则只有 $\theta$ 及 $F_s$ 两个未知数，问题因而得解。

斯宾塞法的具体解题步骤如下：

（1）任意选择一圆弧滑裂面，划分垂直土条，宽度相同，在图上量出土条中心高 $h$ 及底坡 $\alpha$。

（2）选定若干个 $\theta$ 值，对于每一个 $\theta$ 值，都可求出不同的 $F_s$ 值以满足式（1.42）及式（1.44），用力的平衡方程式（1.42）得到的 $F_s$ 值以 $F_{sf}$ 表示，而以力矩平衡方程式（1.44）求得的 $F_s$ 为 $F_{sm}$，当 $\theta = 0°$ 时，用力矩平衡方程求

得的安全系数为 $F_{sm0}$，它相当于用简化毕肖普法求出的 $F_s$ 值。

（3）作出 $F_{sf}$-$\theta$ 及 $F_{sm}$-$\theta$ 关系曲线，绘于同一张图上，如图 1.10 所示，两条曲线的交点同时满足式（1.44）的安全系数 $F_s$ 及条间力的坡度 $\theta$。

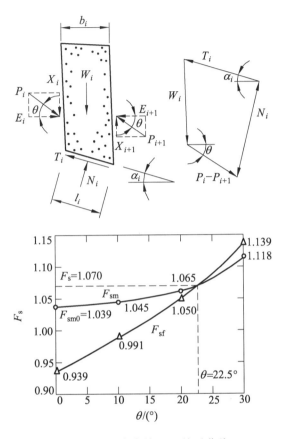

图 1.10　斯宾塞法 $F_s$-$\theta$ 关系曲线

（4）以求出的 $F$ 及 $\theta$，从上往下逐条求出每一土条两侧的条间力合力，并由此求出土条分界面上的法向力及剪力，然后根据分界面上土的强度指标，求出抗剪安全系数 $F_u$。

（5）再从上往下逐条求出条间力合力作用点的位置，这可以通过对土条底部中点求力矩得出。

（6）重新选择滑裂面，重复上述步骤，以求得最危险的滑裂面位置及 $F_{smin}$ 值。

## 1.2.6　摩根斯坦-普赖斯法

　　摩根斯坦-普赖斯首先对任意曲线形状的滑裂面进行了分析，导出满足力的平衡及力矩平衡条件的微分方程式，然后假定两相邻土条法向条间力和切向条间力之间存在 1 个对水平方向坐标的函数关系，根据整个滑动土体的边界条件解答问题。

　　图 1.11（a）表示一任意形状的土坡，其坡面线、侧向孔隙水应力和有效应力的推力线及滑裂线分别以函数 $y=z(x)$、$x=h(x)$、$y=y_t'(x)$ 及 $y=y(x)$ 表示。图 1.11（b）为其中任一微分土条，其上作用有重力 $dW$，土条底面的有效法向反力 $dN'$ 及切向阻力 $dT$，土条两侧的有效法向条间力 $E'$、$E'+dE'$ 及切向条间力 $X$、$X+dX$。$U$ 及 $U+dU$ 为作用于土条两侧的孔隙水应力，$dU_s$ 则为作用于土条底部的孔隙水应力。

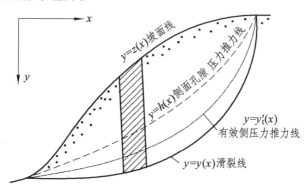

（a）任意形状的土坡

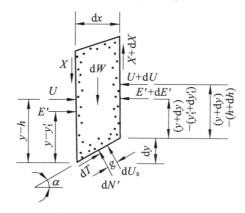

（b）作用于微分土条上的力

图 1.11　摩根斯坦-普赖斯法

对土条底部中点（d$T$、d$N'$合力作用点）取力矩平衡，则

$$E'\left[(y-y_t')-\left(-\frac{dy}{2}\right)\right]-(E'+dE')\left[(y+dy)-(y_t'+dy_t')+\left(-\frac{dy}{2}\right)\right]-X\frac{dy}{2}-$$

$$(X+dX)\frac{dx}{2}+U\left[(y-h)-\left(-\frac{dy}{2}\right)\right]-(U+dU)\left[(y+dy)-(h+dh)+\left(-\frac{dy}{2}\right)\right]-gdU_s=0$$

将上式整理化简，略去高阶微量，并且认为 d$U_s$ 的作用点与 d$T$、d$N'$ 的作用点重合（取 $g=0$），就得到上一土条满足力矩平衡的微分方程式

$$X=\frac{d}{dx}(E'Y_t')-y\frac{dE'}{dx}+\frac{d}{dx}(Uh)-y\frac{dU}{dx} \tag{1.45}$$

再取土条底部法线方向力的平衡，得

$$dN'+dU_s=dW\cos\alpha-dX\cos\alpha-dE'\sin\alpha-dU\sin\alpha \tag{1.46}$$

同时取平行土条底部方向力的平衡，可得

$$dT=dE'\cos\alpha+dU\cos\alpha-dX\sin\alpha+dW\sin\alpha \tag{1.47}$$

又根据安全系数的定义及莫尔-库仑准则，得

$$dT=\frac{1}{F_s}[c'dx\sec\alpha+dN'\tan\varphi']$$

同时引用毕肖普等关于孔隙应力比的公式，得

$$dU_s=r_u dW\sec\alpha \tag{1.48}$$

综合以上各式，消去 d$T$ 及 d$N'$，得到每一土条满足力的平衡的微分方程为

$$\frac{dE'}{dx}\left(1-\frac{\tan\varphi'}{F_s}\frac{dy}{dx}\right)+\frac{dX}{dx}\left(\frac{\tan\varphi'}{F_s}+\frac{dy}{dx}\right)$$

$$=\frac{c'}{F_s}\left[1+\left(\frac{dy}{dx}\right)^2\right]+\frac{dU}{dx}\left(\frac{\tan\varphi'}{F_s}\frac{dy}{dx}-1\right)+\frac{dW}{dx}\left\{\frac{\tan\varphi'}{F_s}+\frac{dy}{dx}-r_u\left[1+\left(\frac{dy}{dx}\right)^2\right]\frac{\tan\varphi'}{F_s}\right\}$$

$$\tag{1.49}$$

式中：$F_s$ 为稳定安全系数；$r_u$ 为孔隙应力比。

一般来说，$y=z(x)$、$y=h(x)$ 是已知的，$y=y(x)$ 由自己选定，也是已

知的,两个基本微分方程中的 $\dfrac{\mathrm{d}W}{\mathrm{d}x}$、$\dfrac{\mathrm{d}U}{\mathrm{d}x}$ 及 $\dfrac{\mathrm{d}y}{\mathrm{d}x}$ 都可以求出,同时土质指标 $c'$、$\tan\varphi'$ 及孔隙应力比 $r_u$ 也是给定的。因此,要求的未知量就剩下 $E'$、$X$ 及函数 $y=y'_t(x)$,还有安全系数 $F_s$。

为了简化方程,以土条侧面总的法向力 $E$ 来代替有效法向力 $E'$,则有

$$E=E'+U \tag{1.50}$$

其作用点位置 $y_t$ 可用式(1.50)求出,即

$$Ey_t=E'y'_t+U_h \tag{1.51}$$

同时,因为 $E$ 和 $X$ 之间必定存在着 1 个对 $x$ 的函数关系,则有

$$X=\lambda f(x)E \tag{1.52}$$

式中:$\lambda$ 为任意选择的 1 个常数。

对每一土条来说,由于 $\mathrm{d}x$ 可以取得很小,使 $y=z(x)$、$y=h(x)$ 及 $y=y(x)$ 在土条范围内近似为一直线,同样,函数 $f(x)$ 在每一土条范围内也可以取作直线。因此,在每一土条内有

$$y=Ax+B \tag{1.53}$$

$$\frac{\mathrm{d}W}{\mathrm{d}x}=px+q \tag{1.54}$$

$$f+kx+m \tag{1.55}$$

式中:$A$、$B$、$p$、$q$、$k$ 及 $m$ 均为任意常数,可通过几何条件及所选 $f(x)$ 的类型来确定。

经过式(1.50)~式(1.55)的处理,基本微分方程式简化为

$$X=\frac{\mathrm{d}}{\mathrm{d}x}(Ey_t)-y\frac{\mathrm{d}E}{\mathrm{d}x} \tag{1.56}$$

进一步简化为

$$(Kx+L)\frac{\mathrm{d}E}{\mathrm{d}x}+KE=Nx+P \tag{1.57}$$

其中

$$K=\lambda k\left(\frac{\tan\varphi'}{F_s}+A\right)$$

$$L = \lambda m \left( \frac{\tan \varphi'}{F_s} + A \right) + 1 - A \frac{\tan \varphi'}{F_s}$$

$$N = p \left[ \frac{\tan \varphi'}{F_s} + A - r_u (1 + A^2) \frac{\tan \varphi'}{F_s} \right]$$

$$P = \frac{c'}{F_s} (1 + A^2) + q \left[ \frac{\tan \varphi'}{F_s} + A - r_u (1 + A^2) \frac{\tan \varphi'}{F_s} \right]$$

现在取土条西侧的边界条件为

$E=E_i$（$x=x_i$）

$E=E_{i+1}$（$x=x_{i+1}$）

从 $x_i$ 到 $x_{i+1}$ 进行积分，可以求得

$$E_{i+1} = \frac{1}{L + K\Delta x} \left( E_i L + \frac{N \Delta x^2}{2} + P \Delta x \right) \tag{1.58}$$

这样就可以从上到下，逐条求出法向条间力 $E$，然后根据式（1.52）求出切向条间力 $X$。当滑动土体外部没有其他外力作用时，对于最后一土条必须满足条件

$$E_n=0 \tag{1.59}$$

同时，土条侧面的力矩可以用微分方程式（1.57）积分求出，即

$$M_{i+1} = E_{i+1}(y - y_t)_{i+1} = \int_{x_i}^{x_{i+1}} \left( X - E \frac{dy}{dx} \right) dx \tag{1.60}$$

最后也必须满足条件

$$M_n = \int_{x_0}^{x_n} \left( X - E \frac{dy}{dx} \right) dx = 0 \tag{1.61}$$

此时，各条间力合力作用点位置 $y_t$ 可由式（1.59）求出。

因此，为了找到满足所有平衡方程的 $\lambda$ 及 $F_s$ 值，我们可以先假定一个 $\lambda$ 及 $F_s$，然后逐条积分得到 $E_n$ 及 $M_n$，如果不为零，再用一个有规律的迭代步骤不断修正 $\lambda$ 及 $F_s$，直到式（1.59）及式（1.61）得到满足为止。

最后剩下的问题是 $f(x)$ 如何选择，它可以利用弹性理论加以算出，也可以在直观假设的基础上指定。根据摩根斯坦等人的研究，对于接近圆弧的滑

裂面，安全系数对内力分布的反应是很不灵敏的，往往取完全不同的 $f(x)$，得到的安全系数却相当接近。

当然，用本法求出的条间力也必须符合第 1.1 节提到的合理性条件（土条分界面上抗剪安全系数 $F_u \geqslant F_s$ 且不存在拉力），如果这两个条件得不到满足，可以通过修改 $f(x)$ 来加以调整。

摩根斯坦-普赖斯法是对土坡稳定进行极限平衡分析计算的最一般的方法。如取 $f(x)$ 同时，下面整个滑动土体还要满足力矩平衡的条件，现将所有作用力均对滑动土体的重心 $G$ 取力矩，则 $W_i$ 及 $KW_i$ 的力矩总和为零，而条间力 $X$、$E$ 是滑动土体的内力，不产生力矩，这样就得到

$$\sum (T_i \cos \alpha_i - N_i \sin \alpha_i)(y_i - y_g) + \sum (N_i \cos \alpha_i + T_i \sin \alpha_i)(x_i - x_g) = 0 \quad （1.62）$$

在式（1.62）中消去 $N_i$ 及 $T_i$，即得力矩平衡方程为

$$\begin{aligned} &\sum (X_{i+1} - X_i)[(y_t - y_g)\tan(\varphi' - \alpha_i) + (x_i - x_g)] \\ &= \sum W_i(x_i - x_g) + \sum D_i(y_i - y_g) \end{aligned} \quad （1.63）$$

在式（1.62）、式（1.63）中，只有地震加速度 $K$ 及条间力 $X$ 是未知的，如果我们能够找到 $X$ 的表达式，同时满足式（1.63）及 $\sum (X_{i+1} - X_i) = 0$，则由式（1.62）可以求出 $K$，此时的 $K$ 也就是临界地震加速度 $K_c$。

为此，沙尔玛假定

$$X_{i+1} - X_i = \lambda F_i \quad （1.64）$$

式中：$\lambda$ 为一常数；$F_i$ 是一待求的函数，且必须满足 $\sum F_i = 0$。

将式（1.64）代入式（1.62）及式（1.63），并解此联立方程组，得

$$\lambda = \frac{S_2}{S_3}$$

$$K_c = K = (S_1 - \lambda S_4) \frac{1}{\sum W_i}$$

其中

$$S_1 = \sum D_i$$
$$S_2 = \sum W_i(x_i - x_g) + \sum D_i(y_i - y_g)$$
$$S_3 = \sum F_i[(y_i - y_g)\tan(\varphi'_i - \alpha_i) + (x_i - x_g)]$$
$$S_4 = \sum F_i \tan(\varphi'_i - \alpha_i)$$

当 $X_{i+1}-X_i$ 为已知时，可以由式（1.58）求出（$E_{i+1}-E_i$），然后从边界开始逐条推求各土条分界面上的 $E_i$ 及 $X_i$，从而求出土条分界面上的抗剪安全系数为

$$F_{ui} = \frac{1}{X_i}[c_i'h_i + (E_i - U_{pi})\tan\varphi_i'] \quad （1.65）$$

式中：$U_{pi}$ 为作用于土条侧面的孔隙水应力，$c'$ 及 $\tan\varphi'$ 可以取土条侧面各土层的加权平均抗剪强度指标。$E_i$ 的作用点位置可以通过取每一土条各作用力对土条底面中心力矩，得

$$z_{i+1} = \frac{1}{E_{i+1}}[E_i z_i - \frac{1}{2}(E_i + E_{i+1})b_i \tan\alpha_i - \frac{1}{2}b_i(X_i + X_{i+1})] \quad （1.66）$$

同样可从初始条件 $Z_i$ 开始逐条推求。

最后剩下的问题是 $X_i$ 或 $X_i$ 如何确定，沙尔玛已经推求出均质和非均质情况下 $X_i$ 的表达式。对于均质的情况，可表示为

$$K_i' = \frac{1-\sin\beta_i\left[(1-2r_u)\sin\varphi_i' + 4c_i'\cos\varphi_i' \times \dfrac{1}{\gamma h_i}\right]}{1+\sin\beta_i\sin\varphi_i'}$$

其中，$\beta_i = 2a_i - \varphi_i'$。

$F_i$ 是可以任意选择的值，通常可取 $F_i=1$，如果求出的 $F_{ui}<1$ 或条间力作用点位置超出三分点，可以通过修正 $F_i$ 加以调整。

# 1.2.7  不平衡推力传递法

这是我国工民建和铁道部门在核算滑坡稳定时使用非常广泛的方法。它同样适用于任意形状的滑裂面，而假定条间力的合力与上一条土条底面相平行，根据力的平衡条件，逐条向下推求，直至最后一条土条的推力为零。

图 1.12 所示是任意一滑动土条，其两侧条间力合力的作用方向分别与上一条土条底面相平行，取垂直与平行土条底面方向力的平衡，有

$$N_i - W_i\cos\alpha_i - P_{i-1}\sin(\alpha_{i-1}-\alpha_i) = 0$$
$$T_i + P_i - W_i\sin\alpha_i - P_{i-1}\cos(\alpha_{i-1}-a_i) = 0$$

应用安全系数的定义及莫尔-库仑准则，得

$$T_i = \frac{c_i' l_i}{F_s} + (N_i - u_i l_i) \frac{\tan \varphi_i'}{F_s}$$

式中，$u_i$ 为作用于土条底面的孔隙应力。

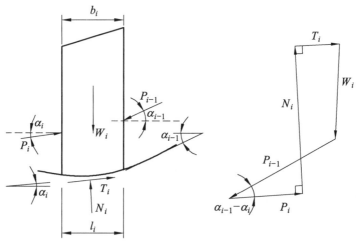

图 1.12　任意土条受力

由以上三式消去 $T_i$、$N_i$，得

$$P_i = W_i \sin \alpha_i - \left[ \frac{c_i' l_i}{F_s} + (W_i \cos \alpha_i - u_i l_i) \frac{\tan \varphi_i'}{F_s} \right] + P_{i-1} \psi_i \qquad （1.67）$$

式中，$\psi_i$ 称为传递系数，即

$$\psi_i = \cos(\alpha_{i-1} - \alpha_i) - \frac{\tan \varphi_i'}{F_s} \sin(\alpha_{i-1} - \alpha_i) \qquad （1.68）$$

在解题时，要先假定 $F_s$，然后从第一条开始逐条向下推算，直至求出最后一条的推力 $P_n$，$P_n$ 必须为零，否则要重新假定 $F_s$ 进行试算。

为了使计算工作更加简化，工程单位常采用下列简化公式，即

$$P_i = F_s W_i \sin \alpha_i - [c_i' l_i + (W_i \cos \alpha_i - u_i l_i) \tan \varphi_i'] + P_{i-1} \psi_i \qquad （1.69）$$

式中，传递系数 $\psi_i$ 改为

$$\psi_i = \cos(\alpha_{i-1} - \alpha_i) - \tan \varphi_i' \sin(\alpha_{i-1} - \alpha_i) \qquad （1.70）$$

如采用总应力法，在式（1.69）中略去 $u_i l_i$ 项；$c$、$\varphi$ 值可根据土的性质及当地经验，采用试验和滑坡反算相结合的方法来确定；$F_s$ 值应根据滑坡现状及其对工程的影响等因素确定，一般可取 $1.05 \sim 1.25$。另外，因为土条之间

不能承受拉力，所以任何土条的推力 $P_i$ 如果为负值，则此 $P_i$ 不再向下传递，而对下一条土条取 $P_{i-1}=0$。

各土条分界面上的 $P_i$ 求出之后，就很容易求出此分界面上的抗剪安全系数 $F_{ui}$，若 $F_{ui}$ 为一常数，其结果和斯宾塞相同；更特殊一些取 $f(x)=0$，则相当于简化毕肖普法。

$$F_{ui} = [c_i'h_i + (P_i\cos\alpha_i - U_{pi})\tan\varphi_i'] \times \frac{1}{P_i\sin\alpha_i}$$

我国水利水电科学研究院陈祖煜在摩根斯坦的指导下，对这种方法作了改进。首先，从以上列出的静力平衡微分方程出发，结合相应的边界条件，推导出下列带有普遍意义的极限平衡方程式。对力的平衡，有

$$\int_a^b p(x)s(x)\mathrm{d}x = 0 \tag{1.71}$$

对力矩的平衡，则有

$$\int_a^b p(x)s(x)t(x)\mathrm{d}x = 0 \tag{1.72}$$

其中

$$p(x) = \frac{\mathrm{d}W}{\mathrm{d}x}\sin(\varphi_e'-\alpha) + q\sin(\varphi_e'-\alpha) - r_u\frac{\mathrm{d}W}{\mathrm{d}x}\sec\alpha\sin\varphi_e' + c_e'\sec\alpha\cos\varphi_e' \tag{1.73}$$

$$s(x) = \sec\psi_e'\exp\left[-\int_a^x \tan\psi_e'\frac{\mathrm{d}\beta}{\mathrm{d}\zeta}\mathrm{d}\zeta\right] \tag{1.74}$$

$$t(x) = \int_a^x (\sin\beta - \cos\beta\tan\alpha)\exp\left[\int_a^\zeta \tan\psi_e'\frac{\mathrm{d}\beta}{\mathrm{d}\zeta}\mathrm{d}\zeta\right]\mathrm{d}\zeta \tag{1.75}$$

式中：$q$ 为坡面垂直荷载；$r_u$ 为孔隙应力比；$\beta$ 为土条侧向作用力合力对 $x$ 轴的倾角；$a$、$b$ 为滑弧两端的 $x$ 坐标；$\zeta$ 则为积分变量；$c_e'$、$\varphi_e'$、$\psi_e'$ 分别用以下各式求出；其余符号意义同前。

$$c_e' = \frac{c'}{F_s}$$

$$\tan\varphi_e' = \frac{\tan\varphi'}{F_s}$$

$$\psi_e' = \varphi_e' - \alpha + \beta$$

不难看出，在式（1.71）、式（1.72）中，$p(x)$ 表示土条底部各作用力

在底面合力垂直方向上的分量；$\psi'_e$ 表示此方向与土条侧向作用力合力方向的交角；而 $\int p(x)s(x)\mathrm{d}x$ 是在土条侧向作用力合力方向上力的平衡；$t(x)$ 则是垂直于土条侧向作用力合力方向的力臂。

在式（1.71）、式（1.72）中仅有 $\beta(x)$ 及 $F_s$ 是未知量，在满足合理性要求的前提下，可任意假定 $\beta(x)$，代入两式中求 $F_s$，这些都是满足静力极限平衡条件的解答（如假定 $\beta(x)$ 为常量，就是斯宾塞法，假定 $\beta(x)=0$ 就变成简化毕肖普法等）。但需注意，$\beta(x)$ 在滑动土体两个端部的土条上是一个确定值，需满足端部土条力的平衡合理性条件。根据陈祖煜的研究，如果端部条块形状是一个三角形，而且其宽度取得足够小的话，$\beta$ 应等于端点处土坡面的倾角，即端部条块侧面总作用力应平行于该土条土坡面的方向。

假定一个 $\beta(x)$ 的分布形状，解式（1.71）、式（1.72），求出满足方程组的解答 $\beta^*(x)$ 和 $F_s^*$，这就是摩根斯坦-昔赖斯法。陈祖煜对该法的电算程序作了改进，加了相应的功能，使端点的 $\beta(x)$ 能满足确定的要求，采用了多种数值计算的技巧，以保证计算程序的收敛性。在求得 $\beta^*(x)$ 和 $F_s^*$ 以后，还可以求出同样满足式（1.63）、式（1.64）的邻近解 $\beta^*(x)+\Delta\beta$ 和 $F_s^*+\Delta F_s$。采用这个步骤，有意识地改变 $\beta^*(x)$ 的形状分布，使原来满足合理性要求的解过渡到不满足合理性要求的解，以发现向这一方向过渡的边界。然后变换过渡方向，用同样步骤，求出另一方向满足合理性的边界。相应于这两个边界的 $F_s$ 值，就是安全系数的上、下限。如果这两个数值的确非常接近，就求出了相应于这个滑裂面的土坡稳定安全系数的"严格解"。

# 1.2.8　沙尔玛法

图 1.13 为一滑裂面，是任意形状的土坡。沙尔玛假想在每一土条重心作用着一个水平地震惯性力 $KW_i$，由于它的作用，滑裂面恰好达到极限状态，也就是滑裂面上的稳定安全系数 $F_s=1$，此时水平地震加速度 $K$ 称为临界地震加速度，以 $K_c$ 表示。因为取 $F_s=1$，在解题时可以不用试算或迭代，使计算工作量大为减轻，以 $K_c$ 作为判断土坡稳定程度的一个标准。同时，沙尔玛还在假定沿两相邻土条的垂直分界面，所有平行于土条底面的斜面均处于极限平衡状态这个前提下，推导出切向条间力 $X$ 的分布，从而使超静定问题变成静定问题。

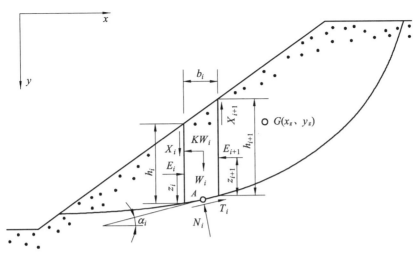

图 1.13　沙尔玛法

在图 1.13 所示的滑动土体中任取一垂直土条，其上作用力如图所示，其中 $E$、$N$ 均是以总应力表示的。$G$ 点是整个滑动土体的重心，其坐标为（$x_g$，$y_g$），土条底部中点 $A$（假定 $N$、$T$ 合力作用点与此重合）的坐标为（$x_i$，$y_i$）。

取土条垂直方向及水平方向力的平衡，得

$$N_i \cos\alpha_i + T_i \sin\alpha_i = W_i - (X_{i+1} - X_i) \tag{1.76}$$

$$T_i \cos\alpha_i - N_i \sin\alpha_i = KW_i + (E_{i+1} - E_i) \tag{1.77}$$

因为假定 $F_s=1$，所以由莫尔-库仑准则可得

$$T_i = c_i' b_i \sec\alpha_i + (N_i - U_i)\tan\varphi_i' \tag{1.78}$$

式中，$U_i$ 为作用于土条底部的孔隙应力：

$$U_i = r_u W_i \sec\alpha_i$$

$r_u$ 为孔隙应力比。

在上列各式中消去 $T_i$、$N_i$，整理化简，得

$$(X_{i+1} - X_i)\tan(\varphi_i' - \alpha_i) + (E_{i+1} - E_i) = D_i - KW_i \tag{1.79}$$

其中

$$D_i = W_i \tan(\varphi_i' - \alpha_i) + (c_i' b_i \cos\varphi_i' - r_u W_i \sin\varphi_i')\sec\alpha_i \frac{1}{\cos(\varphi_i' - \alpha_i)} \tag{1.80}$$

考虑到整个土体平衡，$\sum(E_{i+1} - E_i) = 0$，则

$$\sum(X_{i+1} - X_i)\tan(\varphi_i' - \alpha_i) + \sum KW_i = \sum D_i \tag{1.81}$$

# 1.3 滑坡治理工程案例

## 1.3.1 挡土墙、截排水沟（案例1）

### 1.3.1.1 区域地质环境条件

#### 1. 气象、水文

项目区属青藏高原亚热带湿润气候区，为高原河谷寒温带气候。据项目区气象站1957—2004年资料，全年平均气温为8 ℃，最高为31 ℃，最低为 −21.9 ℃；年平均蒸发量为1 644.7 mm，最大蒸发量为1961年的1 856.7 mm，最小蒸发量为1980年的1 452.5 mm；年均相对湿度59%；最大积雪深度为91 cm；冰冻深度为50 cm；全年日照时数达2 318.5 h；多年平均降水量为618 mm，年降水最多为1965年的810.9 mm，最少为1961年的406.9 mm（表1.1、图1.14）。

表 1.1 项目区气象资料多年平均值一览

| 指标 | 1 月 | 2 月 | 3 月 | 4 月 | 5 月 | 6 月 | 7 月 | 8 月 | 9 月 | 10 月 | 11 月 | 12 月 |
|---|---|---|---|---|---|---|---|---|---|---|---|---|
| 气温/℃ | −20 | 15 | 5.5 | 9.0 | 12.5 | 14.8 | 15.8 | 15.5 | 130 | 89 | 28 | −18 |
| 降雨量/mm | 1.7 | 3.3 | 10.3 | 28.4 | 66.9 | 130.9 | 120.2 | 96 | 112.6 | 41.6 | 4.3 | 1.7 |
| 蒸发量/mm | 69.4 | 95.3 | 151.9 | 176.5 | 203.7 | 175.4 | 173.1 | 173.4 | 136.3 | 116.5 | 80.3 | 60.5 |
| 相对湿度/% | 46 | 44 | 47 | 53 | 59 | 69 | 72 | 70 | 72 | 67 | 56 | 52 |

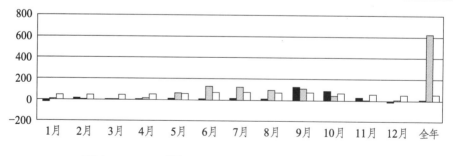

图 1.14 项目区气象资料多年平均值直方图

由图1.14可知，降水分布呈双峰状，主要集中于6~9月，多年平均降水达459.7 mm，占总降水量的74.4%。

由于项目区山区地形较复杂，多暴雨和连绵雨，往往形成局域性的强暴雨天气过程，并诱发严重的地质灾害。50年一遇最大日降雨量达76.8 mm，1 h雨强和10 min雨强大约分别为35.7 mm和28.10 mm；20年一遇最大日降雨量达66.8 mm。而雨量在20 mm以上，就可能产生山洪和泥石流。由此可见，少见的高强度暴雨，是导致项目区域内滑坡、泥石流高发的主要原因之一。

区内水文网系密布，水资源丰富，总量为41.44亿立方米，分属鲜水河水系和大渡河水系。

鲜水河水系分布于县域东、西、南部地区，其干流鲜水河从项目区北部流入，南部流出，沿途均有溪沟水汇入。大渡河水系分布于项目区北部区域，其干流大渡河位于县域外。区内水系均具有纵比降大、水流湍急、易涨易落等山区河流特征，详细情况见表1.2。

表1.2 项目区主要河流水文特征值

| 流域名称 | 河流名称 | 干流长/km | 流域面积/km² | 天然落差/m | 境内水资源总量/亿立方米 |
|---|---|---|---|---|---|
| 雅砻江 | 鲜水河 | 123.10 | 3 604.36 | 400 | 19.88 |
| | 庆大河 | 67.15 | 1 363.27 | 1 470 | 8.76 |
| | 茶亚沟 | 27.50 | 126.88 | 720 | 0.83 |
| | 合计 | 217.75 | 5 094.51 | | 29.47 |
| 大渡河 | 玉曲 | 87.75 | 1 309.60 | 1 160 | 5.10 |
| | 却瓦鲁科 | 23.50 | 193.40 | 800 | 0.96 |
| | 五重科 | 16.95 | 172.10 | 960 | 0.87 |
| | 干尔隆巴 | 23.60 | 170.34 | 1 080 | 1.15 |
| | 沙冲沟 | 33.80 | 605.83 | 1 520 | 3.89 |
| | 合计 | 185.6 | 2 451.27 | | 11.97 |
| 总计 | | 403.35 | 7 545.78 | | 41.44 |

2. 地形地貌

项目区地处青藏高原东部边缘，为高原山原地貌，地形总趋势北高南低、中部隆起。纵观全区地貌，明显受区域地质构造控制，山脊一般沿构造线延伸，山峦起伏，地形起伏较大。区内最低点鲜水河出境处高程为2 670 m，最高点大雪山主峰高程为 5 500 m，相对高差为 2 830 m。

项目区根据地形地貌特征及其成因可分为构造侵蚀区和侵蚀堆积河谷区。由图可知，县域主要由构造侵蚀区组成，占总面积的 85% 以上。

项目区所处地貌整体上属中切割中高山区地貌，切割较深，局部段呈深切割的中山峡谷地貌，如图 1.15 所示。项目区滑坡微地貌为山前单面斜坡地貌，地势总体南西高北东低，滑坡前缘高程约为 3 397 m，后缘高程约为 3 417 m，最大相对高差近 20 m，平均坡度为 30°，较陡的地形地貌有利于滑坡的形成。

图 1.15　项目区滑坡区地貌

3. 地层岩性

项目区出露基岩有燕山期花岗岩，古生界二叠系玄武岩、混杂岩，三叠系中统杂古脑组、上统侏倭组和新都桥组砂板岩地层，岩性复杂，横向变化大。第四系有更新统、全新统冲积砂卵石层及残坡（崩）积碎块石层。其中砂卵石层沿河零星分布，碎块石层主要分布于基岩缓坡及坡脚，多呈倒石堆状、鼻状分布。

（1）燕山期侵入花岗岩。

花岗岩（$\delta_5^2$）：主要由闪长花岗岩、石英闪长岩组成，为变余半自形粒状、鳞片结构，致密块状构造，含黑云母闪长岩俘房体。

（2）二叠系中统。

玄武岩（$P_2\beta$）：厚 1 173 m，为一套片理化变质玄武岩，夹石英千枚岩及大理岩组成，其中玄武岩具气孔状、杏仁状构造，夹砂质及钙质条带，呈致密块状。

（3）三叠系。

① 下统。

项目区境内三叠系下统主要出露在县城的南部，八美—丹巴公路以北地区。该组为灰~浅灰色中层~块状变质细粒含钙质长石石英砂岩、细砾含白云质石英粉砂质砂岩、粉~细砾石英砂岩为主夹深灰~黑色粉砂质绢云板岩及少许含炭质绢云板岩。在剖面上，下部胶结物中含铁质及白云质较高，上部含长石较多，厚达 2 958 m。但在八美—丹巴公路一线以北，厚度增大，下部钙质石英砂岩中夹薄层结晶灰岩，往南灰岩成分减少。

② 中统。

项目区境内三叠系中统杂谷脑组零星分布于甲斯孔一带，为海相碎屑岩为主夹碳酸盐岩块体或透镜体及少许火山角砾岩。杂古脑组（$T_2z$）由浅海相碎屑砂板岩夹少量碳酸盐岩组成，砂、板岩比例 3~5∶1，分为上下两段：

杂古脑组下段（$T_2z^1$）：主要分布在项目区境内的甲斯孔及麻孜乡的崩龙沟等地，其中以甲斯孔出露较好。岩性以灰色中层至块状含钙质粉~细粒石英砂岩为主，夹粉砂质绢云板岩、薄层结晶灰岩、角砾状结晶灰岩、生物碎屑灰岩及少许蚀变中基性火山岩，厚度约 335 m。往北西到多尔金措一带，中基性火山岩和灰岩夹层有所增多，其火山岩为蚀变中基性火山角砾岩。该组在项目区麻孜乡崩龙沟零星出露，上部以灰色薄至中层细粒钙质长石石英砂岩、钙质石英砂岩为主，夹深灰色粉砂质绢云板岩及少量薄至中层含生物碎屑角砾状灰岩透镜体。砂岩与板岩之比为 3~5∶1。下部以浅灰至灰白色块状结晶灰岩、角砾状灰岩、竹叶状灰岩、白云质灰岩、大理岩为主，夹少许粉~细粒钙质砂岩及条带状绢云板岩。灰色中~厚层变质细粒钙质石英砂岩夹深灰色粉砂质绢云板岩及透镜状结晶灰岩，厚度约 31 m。灰色中~厚层以变质细粒钙质石英砂岩为主，夹粉砂质绢云板岩，厚度约 45 m。浅灰色块状角砾状结晶灰岩夹角砾以灰岩为主，次为泥质白云质灰岩，直径在 0.5~8 m，多呈棱角状，厚度约 14 m。

杂古脑组上段（$T_2z^2$）：主要出露于项目区甲斯孔乡一带，其中在甲斯孔大桥附近以深灰色薄层至块状细粒含钙质石英砂岩、石英粉砂岩为主，夹深灰色粉砂质绢云板岩及含炭质绢云板岩。往北西到甲斯孔一带砂岩增多，板岩夹层减少，厚度增大。麻孜乡境内的崩龙沟一带有零星出露，以灰色薄~厚层状（以中厚层为主）变质含钙质长石石英砂岩为主，夹杂灰色粉砂质绢云板岩、绢云板岩。砂岩与板岩之比为 3~5∶1，往上砂岩减少，板岩增多，亦夹少许薄层微晶灰岩，与上覆侏倭组逐渐过渡，整合接触，厚度约 100 m。上部为深灰色含炭质粉砂质绢云母板岩的下部中至厚层变质粉~细粒含钙质石英砂岩，夹少许粉砂质绢云板岩，厚度约 15 m。深灰色薄~厚层状粉~细粒含钙质石英砂岩夹少许板岩，厚度约 17 m。灰色薄~中层状含炭质绢云母石英粉砂岩夹炭质绢云母板岩，厚度约 39 m。灰色薄~厚层细粒含钙质石英砂岩夹深灰色粉砂质板岩，砂岩与板岩之比约 4：1，厚度约 20 m。紫色、灰色中厚层细粒钙质石英砂岩夹薄层钙质粉砂岩，厚度约 197 m。灰色中~厚层变质细粒钙质石英砂岩夹少许粉砂质绢云板岩，厚度约 213 m。

③ 上统。

三叠系上统在项目区境内有广泛分布。

· 侏倭组（$T_3zh$）。

该组主要分布在项目区甲斯孔乡、麻孜乡等地，厚度大于 600 m，由浅变质的海相碎屑岩及泥岩组成。岩性为变质砂岩与板岩、炭质板岩不等厚韵律互层，上部砂、板岩比为 2~3：1，下部板、砂岩比为 2~3：1。根据实测剖面，崩龙沟—韩家沟一线西侧，该组上部以灰色薄~中层变质细粒石英砂岩、条纹状变质细粒含钙质长石石英砂岩为主，夹深灰色绢云板岩、粉砂质绢云板岩，砂岩与板岩之比为 3：1；下部以深灰色含钙质绢云板岩、千枚状绢云板岩为主，夹灰色薄层至中层变质钙质长石石英砂岩及含钙质石英砂岩透镜体，板岩与砂岩之比为 2~3：1。在甲斯孔大桥北侧工农桥一带，主要以灰至深灰色薄至厚层变质细粒含钙质石英砂岩、粉~细粒石英砂岩为主，与深灰色~黑色粉砂质绢云板岩、含炭质绢云板岩不等厚互层。从西北到甲斯孔沟一带，岩性基本相似，但板岩有所增加，中下部砂岩单层厚变薄，韵律或互层更清楚。每一韵律层一般厚 10~30 m，厚者可达 50 m，薄者仅有数十厘米。其北到扎母多一带砂岩减少，板岩增加，以板岩为主，与砂岩呈不等厚韵律互层，砂岩中含板岩砾石及植物化石碎片。

· 瓦多组（$T_3w$）。

瓦多组在项目区境内的瓦多乡至两河口一线有广泛出露，且露头极佳。根据岩性，该组可分为上、中、下三段，上、下段均以厚~巨厚层粉砂质绢云板岩为主，夹少许砂岩，中段厚层条带状砂质绢云板岩夹薄层至中层粉~细粒石英砂岩。其中，条带状、微层纹状构造清楚，区域上较为稳定。

瓦多组下段（$T_3w^1$）：仅零星分布于瓦多复背斜核部，岩性以厚层角岩化含粉砂质千枚状板岩、粉砂质千枚状板岩为主，夹十字红石柱石片岩、十字石绢云片岩及少许黑云角岩透镜体，未见底，厚度大于 455 m。

瓦多组中段（$T_3w^2$）：该段岩性特殊且稳定，以此作为标志将该组划分为上、中、下三段。多分布于穹窿及背斜翼部，为深灰、黑色角岩化条带状粉砂质绢云板岩和灰～浅色薄板状、薄层～中层状角岩化粉砂质绢云板岩和条带状粉砂岩等厚韵律互层，板岩占绝对优势。局部地段砂岩夹层增多，为薄～中厚层状的韵律层。其特征是砂、板岩中水平微层纹构造发育，砂岩条带一般厚 1～2 cm，后者可达 5～8 cm。

瓦多组上段（$T_3w^3$）：主要出露在两河口—日堆一带，以深灰、黑色厚～块状含粉砂质绢云板岩、斑点状绢云板岩为主，夹少许灰～深灰色薄～中层变质中～细粒长石石英砂岩、泥质粉砂岩，厚度为 300 m。往东砂岩减少，偶夹薄层砂岩（或透镜体），厚度变薄。

· 如年各组（$T_3r$）。

该组为炉霍—道孚岩相带内的特有组段，在项目区境内主要出露于甲斯孔—扎母多一线，呈南东—北西向条带展布，宽 5～20 km，其中以道孚—仁达出露较好。如年各组在道孚境内麻孜乡的崩龙沟和韩家沟有较好出露，根据剖面岩性可分为上、下两段。

下段岩性较为稳定，以深灰、黑色粉砂质绢云板岩，含炭质绢云板岩为主，夹少许灰、深灰色薄层（条带状）～中层变质粉～细粒石英砂岩。在道孚境内的仲尼乡以东地区的砂岩夹层较多，往西北在乾宁—红光乡一带板岩含炭质较高，砂岩夹层较少，其西侧下部板岩中砂质成分加重，且条带状～薄层砂岩夹层增多。在崩龙沟—泗水塘断裂以西的崩龙沟一带以深灰、黑色含炭质千枚状绢云板岩、钙质绢云板岩及含钙质粉砂质条带绢云板岩、晶屑凝灰质板岩为主，夹少量灰色薄～中层变质粉～细粒钙质长石石英砂岩及浅灰～灰色薄层结晶灰岩及少许硅质板岩，后者局部地段为近等厚韵律互层。

上段主要出露于道孚境内麻孜乡的菜籽坡—韩家沟—崩龙沟—虾拉沱一线之两侧。在崩龙沟处的剖面：下部以灰～深灰色粉砂质绢云板岩、含钙质千枚状绢云板岩为主，夹少许薄层（透镜状）钙质粉砂岩及灰岩、角砾状灰岩、蚀变玄武岩，底部夹杏仁状基性凝灰岩；中部以浅灰～灰白色厚层～块状结晶灰岩、角砾状灰岩、角砾状白云质灰岩（大理岩）为主，夹蚀变橄榄玄武岩及薄层状紫红色钙质绢云板岩；上部以灰色中～厚层变质粉～细粒含钙质长石石英砂岩为主，夹灰～浅灰色薄～中层状结晶灰岩及板岩。

· 新都桥组（$T_3x$）。

该组厚 1 477～2 700 m，为海相碎屑岩建造。岩性为变质砂岩与板岩、碳质板岩不等厚韵律互层，板、砂岩比例大于 5∶1。

（4）第四系。

① 更新统（$Q_3$）：零星分布于河谷两岸，地貌上构成二、三、四、五、六级阶地，为粉质黏土、砂砾卵石层，厚度变化较大。

② 全新统（$Q_4$）：为近代河流冲积层与残（崩）坡积层，冲洪积砂卵石层在地貌上构成漫滩及一级阶地，上部为灰褐色粉质黏土，厚 2~5 m，下部为砂砾卵石，厚度达数十米；残（崩）坡积碎块石层堆积于缓坡表层及斜坡坡脚，主要分布于构造侵蚀地貌区，厚度一般为 1~3 m，局部大于 10 m。

地层岩性是地质灾害发育的物质基础条件，不同的岩石性质及其组合关系，直接制约地质灾害发育类型与规模，对滑坡的形成起着重要的作用。

项目区内出露地层主要为第四系残坡积层（$Q_4^{el+dl}$）、滑坡堆积体（$Q_4^{del}$）。项目区出露地层由新到老分述如下：

① 第四系残坡积层（$Q_4^{el+dl}$）。

黄褐色碎石土，松散，稍湿，碎石含量约为 40%，碎石粒径为 2~15 cm，平均粒径为 10cm，部分粒径可达 25 cm，母岩为板岩和砂岩，黏土充填。工作区内该层厚度一般在 5.0~8.0 m。

② 滑坡堆积体（$Q_4^{del}$）。

黄褐色碎石土，碎石含量占 40%~50%，含少量块石，母岩成分主要为板岩和砂岩，碎石粒径为 2~20 cm，平均粒径为 10 cm，黏土充填，含量约为 40%，厚度一般 2.0~4.0 m。滑坡中前部厚度稍大，最大厚度约为 5.0 m，滑坡后缘厚度稍薄，厚度约 1.0 m，滑体平均厚度约为 3.0 m，目前滑坡体整体较松散，调查期间土体湿度较高，如图 1.16 所示。

图 1.16　滑坡区地质条件

4. 地质构造

项目区位于青藏滇缅印尼歹字形构造带上，以玉科断裂为界，南西侧为三叠系浅变质地层组成的北西向紧密状褶皱和断裂；北东受莫斯卡弧形构造影响，形成弧状褶皱，全区火山岩零星侵入。

县域内北西向构造：雅砻背斜、麦曲向斜、通果背斜、也尔则向斜、巴隆巴向斜、铜炉房复背斜等。

断裂包括：康都断裂、长征断裂、科拉断裂、玉科大断裂、鲜水河大断裂、木茹断裂等。弧状构造包括：东风复向斜、莫斯卡复背斜及热其亚断裂等。

其中，玉科大断裂走向为北西—南东，总体倾向北东，倾角为 60°～70°，破碎带宽 500～600 m，断距大于 700 m。

鲜水河大断裂走向为北西—南东，紧邻项目区域，总体倾向北东，倾角为 45°～70°，破碎带宽 500～600 m，断距大于 1 000 m；目前处于活动期，频频引发地震。区内构造复杂，形态各异，褶皱均为紧密型，地应力作用强烈，岩层陡倾，角度多在 30°～50°之间，局部地区地层呈倒转状态，岩体节理裂隙发育。调查区地质构造发育，构造条件属"较复杂"（表 1.3）。

表 1.3  项目区县域内主要构造一览

| 构造体系 | 断裂名称 | | 褶皱名称 | |
|---|---|---|---|---|
| 北西构造 | 乐有乡断裂 | 孔色断裂 | 雅砻背斜 | 银厂沟背斜 |
| | 康都断裂 | 铜佛山断裂 | 支夏柯背斜 | 白崖子复向斜 |
| | 长征断裂 | 玉科断裂 | 麦曲向斜 | 根基复背斜 |
| | 多尔金措断裂 | 措日断裂 | 通果背斜 | 雄迪科复向斜 |
| | 科拉断裂 | 哲使多断裂 | 也尔则向斜 | |
| | 木茹断裂 | 日锐柯断裂 | | |
| | 崩龙泗水塘断裂 | | | |
| | 鲜水河断裂 | | | |
| 弧状构造 | 热其亚断裂 | 三岔河断裂 | 白日山复向斜 | 东方红复向斜 |
| | 皮亚断裂 | 前进断裂 | 铜炉房复背斜 | 苍龙沟背斜 |
| | 美美恰断裂 | | 沙冲沟向斜 | |

项目区附近主要发育北东向的八美断裂，滑坡区内未见基岩出露。

5. 新构造运动与地震

项目区域内断裂构造发育，发震断裂鲜水河断裂从县域中部斜贯而过，由其形成的两个发震中心紧邻县域。

县域地震强度较大，地震频率高：1981年项目区发生6.9级地震，造成重大人员伤亡；2003年葛卡乡发生4.8级地震，诱发多处地质灾害，造成经济损失20余万元。

2014年11月22日康定发生6.3级地震，造成项目区中古村、协德乡等乡镇居民住房多处受损，多处山体发生滑坡和崩塌，地震过后，县域内山体斜坡被破坏，普遍松动，岩石产生许多新节理、裂隙，严重威胁着人民群众的生命财产安全，给人民群众的生产和生活带来了诸多不便。

项目区所在区域设计地震动峰值加速度为 0.20$g$，对应地震基本烈度为Ⅶ度；本区属抗震设防烈度Ⅷ区，地震动反应谱特征周期值为 0.40 s；设计地震分组为第一组，属稳定性较差地区。

### 6. 水文地质条件

区内地下水类型主要为第四系松散堆积层孔隙水，其次为基岩裂隙水。

（1）松散堆积层孔隙水。

松散堆积层孔隙水主要赋存于斜坡及台地表层的松散堆积层中，土体中地下水富水程度低，其补给源主要来自大气降水。

（2）基岩裂隙水。

基岩裂隙水主要赋存于三叠系上统侏倮组（$T_3zh$）基岩裂隙中，主要接受大气降水补给，岩层透水性较差，岩层储水量不大，多出露于陡崖。

滑坡区平时未出露地表水，但其后缘汇水面积较大，在降雨条件下，坡面流水将会流入滑坡区，沿滑坡后缘裂缝进入滑坡体内，降低滑坡的整体稳定性。

### 7. 工程地质条件

区内工程地质岩组按岩土成因建造类型划分为松散土类，按岩土的性质、结构、强度及岩性组合特征可划分为松散土石类岩组。松散岩类岩组岩性为第四系残坡积和滑坡堆积成因的松散类土，结构松散～中密，残坡积层、滑坡堆积层岩性为碎石夹角砾、黏土，均匀性一般，工程地质性质一般，可作为一般建（构）筑物的基础持力层。

### 8. 人类工程活动

人类工程活动对区内地质环境条件影响较大，主要表现为切坡建房。滑坡前缘修建房屋形成临空面，不利于斜坡稳定，是诱发本次滑坡的重要因素之一。

### 1.3.1.2 滑坡基本特征

#### 1. 空间形态特征及边界条件

项目区滑坡中心地理坐标为北纬 30°29′47.9″, 东经 101°28′2.6″。滑坡平面形态呈"汤匙"状, 剖面形态呈折线形, 顺坡长 20 ~ 50 m, 横向宽约 120 m, 平均厚 3.0 m, 方量约 10 000 m³, 规模属小型, 主滑方向约 38°, 为土质滑坡。滑坡前缘高程约为 3 397 m, 后缘高程为 3 417 m, 最大相对高差近 20 m, 平均坡度为 30°。综上, 项目区滑坡为小型-浅层-土质滑坡。

项目区 2020 年 7 月 5 日发生强降雨, 24 h 降雨量为 26.8 mm, 达到强降雨标准。加美滑坡于 7 月 6 日早上强降雨后发生小型滑坡地质灾害。目前, 滑坡变形迹象明显, 滑坡后缘以下错裂缝为界, 左侧以自然冲沟为界, 右侧以剪切裂缝为界, 滑坡前缘边界为既有浆砌石挡墙, 损毁较为严重, 剪出口在既有挡墙位置, 如图 1.17 所示。

图 1.17 滑坡全貌

#### 2. 滑体、滑床特征

滑体及滑床物质结构组织相似, 主要为黄褐色碎石土, 碎石含量占 40% ~ 50%, 含少量块石, 母岩成分主要为板岩和砂岩, 碎石粒径为 2 ~ 20 cm, 平均粒径为 10 cm, 黏土充填, 含量约为 40%, 厚度一般为 2.0 ~ 4.0 m。滑坡中前部厚度稍大, 最大厚度约为 5.0 m, 滑坡后缘厚度稍薄, 厚度约为 1.0 m,

滑体平均厚度约为 3.0 m，目前滑坡体整体较松散，调查期间土体湿度较高。

3. 滑带特征

通过现场调查，推测滑带土物质组成为含碎石粉质黏土，其黏土含量高，可达近 70%；碎石粒径小，以 2 ~ 5 cm 为主，呈颗粒状，磨圆相对较好；湿度高，孔隙较小，雨水下渗裹挟黏土长期淤积于此，易形成隔水软弱层。

4. 滑坡岩土体物理力学参数

本项目为应急处置项目，未对滑坡土体进行取样试验。对土体力学参数进行反演分析，参考项目区其他治理工程的参数进行校核。滑坡受 2020 年 7 月强降雨引发，可判断滑坡在天然和地震工况下处于稳定 ~ 基本稳定状态，在暴雨工况下处于欠稳定 ~ 不稳定状态。反演当时滑动的情况时，应在暴雨状态下以稳定系数 0.99 ~ 1.00 进行分析。

通过反演分析，并结合当地工程经验，综合分析取值如下：滑带土天然工况下内摩擦角 $\varphi$ 取值为 11.5°，内聚力 $c$ 取值为 6.5 kPa；饱和工况下内摩擦角 $\varphi$ 取值为 9.5°，内聚力 $c$ 取值为 5 kPa。

滑体土容重参数根据工程地质手册查表取值：天然状态下取容重为 $\gamma_1$=19.0 kN/m³，饱和容重为 $\gamma_2$=20.0 kN/m³。

5. 变形破坏特征

该滑坡原始地形为一单面斜坡，多年前当地村民在该处切坡建房，形成了 2 ~ 4 m 的边坡，并采用未经专业设计的浆砌石挡墙进行支挡。

该滑坡初始变形最早始于 2020 年 7 月 6 日，斜坡受强降雨影响发生滑动，主要表现为滑坡中前部整体下错，滑坡后缘受牵引作用产生拉裂，产生 1 ~ 3 m 高的后缘下错陡坎。目前，滑坡整体可分为整体下错变形区和表层牵引滑塌区。

整体下错变形区分布于滑坡中前缘，分布高程为 3 397 ~ 3 407 m，纵向长度约 20 m，横向宽度约 120 m，滑坡厚度为 2 ~ 5 m，方量约 8 800 m³，是加美滑坡的主要组成部分。其变形表现为滑坡整体沿着土层间软弱面产生下错，使得已建浆砌石挡墙大部分变形损坏，整体产生鼓胀变形。滑坡中部土体从原有挡墙处越顶或剪出，形成了宽度 10 ~ 12 m 的滑塌堆积体（现已清除）堆积于滑坡中部前缘空地内，堆积体厚度为 1.5 ~ 2.0 m，堆积方量约 300 m³，并损坏了滑坡前缘村民房屋。

表层牵引滑塌区主要分布于滑坡东侧后缘,分布高程为 3 407～3 417 m,纵向长度约 25 m,横向宽度约 41 m,滑坡厚度为 0.5～1.5 m,方量约 1 200 m³。该处原始地形较为陡峭,受滑坡中前缘土体滑动影响,受牵引作用产生拉裂变形,主要表现为浅表层土体滑塌。

### 6. 形成机制

该滑坡由于农户房屋修建,对后侧山体斜坡挖方削坡形成高陡边坡,具备了临空条件。当汛期暴雨后地表径流下渗进入土体,表层松散土体易软化,孔隙水压力增大,抗剪强度降低,表层土体,特别是分布在陡坡体上的碎石土、粉质黏土层易沿高陡边坡软弱层剪出,发生较大规模的滑塌,前缘坡脚地表出现渗水、变形裂缝等地质灾害变形破坏现象。

## 1.3.1.3 滑坡稳定性分析计算与评价

### 1. 滑坡计算模型

本次采用基于极限平衡理论的条分法和传递系数法计算滑坡的稳定系数和剩余下滑力。考虑的荷载主要包括滑体重量、地震力和地下水渗透压力等。选择北京理正岩土软件和 Excel 计算表格进行滑坡稳定性和推力计算。

### 2. 滑坡计算工况

根据该滑坡可能遭遇的最不利情况,选取自重+地下水、自重+暴雨+地下水、自重+地震三种工况来计算,三种工况下安全系数分别为 1.10、1.05、1.05。

### 3. 滑坡计算方法

采用综合野外分析、室内分析、同类工程类比等确定的滑动面来计算,滑面呈折线形,故稳定计算采用折线形滑动面计算公式,剩余下滑力计算采用传递系数法。

稳定性计算采用折线形公式计算,则稳定系数 $k$ 为

$$k = \frac{\sum\limits_{i=1}^{n-1}\left(R_i \prod\limits_{j=i}^{n-1} \psi_j\right) + R_n}{\sum\limits_{i=1}^{n-1}\left(T_i \prod\limits_{j=i}^{n-1} \psi_j\right) + T_n}$$

其中:$k$——稳定系数;

$R_i$——作用于第 $i$ 块段的抗滑力（kN/m），$R_i=N_i\tan\varphi_i+c_il_i$；

$N_i$——作用于第 $i$ 块段滑动体上的法向分力（kN/m），$N_i=(W_i+Q_i)\cos\alpha_i$；

$Q_i$——作用于第 $i$ 块段滑动体上的建筑荷载（kN/m²）；

$T_i$——作用于第 $i$ 块段滑动面上的滑动分力（kN/m），出现与滑动面方向相反的滑动分力时，$T_i$ 取负值，$T_i=(W_i+Q_i)\sin\alpha_i+\gamma_wA_i\sin\alpha_i$；

$A_i$——第 $i$ 块段饱水面积（m²）；

$R_n$——作用于第 $n$ 块段的抗滑力（kN/m）；

$T_n$——作用于第 $n$ 块段的滑动面上的滑动分力（kN/m）；

$\psi_i$——第 $i$ 块段的剩余下滑力传递至第 $i+1$ 块段时的传递系数（$j=i$）；

$\alpha_i$——第 $i$ 块段滑动倾角（°）；

$c_i$——第 $i$ 块段滑动面上黏聚力（kPa）；

$\varphi_i$——第 $i$ 块段滑带土内摩擦角（°）；

$L_i$——第 $i$ 块段滑面长（m）；

$W_i$——第 $i$ 块体重量（kN/m）。

剩余下滑力计算公式：

$$E_i = K[(W_i+Q_i)\sin\alpha_i+\gamma_wA_i\sin\alpha_i]+\psi_iE_{i-1}-(W_i+Q_i)\cos\alpha_i\tan\varphi_i-c_il_i$$

其中：$E_{i-1}$——第 $i-1$ 条块的剩余下滑力（kN/m），作用于分界面的中点；

$\alpha_i$——第 $i$ 条块所在滑面倾角（°）；

$K$——滑坡推力安全系数。

4. 计算剖面的选取

计算模型主要根据各剖面地面测绘，结合地质环境条件和滑坡变形破坏特征连出的滑面建立。根据现场调查，结合滑坡变形特征，1—1′剖面与 2—2′剖面的剖面形态、滑面形态、滑坡变形特征较为相似，3—3′、4—4′、5—5′剖面的剖面形态、滑面形态、滑坡变形特征较为相似，故本次滑坡计算模型选取代表性的 1—1′剖面和 4—4′剖面进行稳定性计算和评价，计算模型如图1.18、图 1.19 所示。

5. 滑坡计算参数选取

见 1.3.1.2 节第 4 点。

6. 滑坡稳定性计算

滑坡稳定性计算结果统计见表 1.4。经计算分析，加美滑坡在天然工况下处于稳定状态，在暴雨工况下处于欠稳定～不稳定状态，在地震工况下处于基本稳定状态。理论计算结果与现场调查宏观判断分析结论基本一致，滑坡在天然状态下稳定性较好，但在降雨和地震等不良地质作用影响下，稳定性会降低，暴雨影响更为明显。

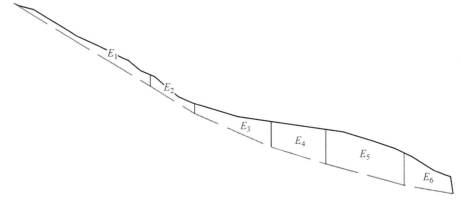

图 1.18　1—1'剖面滑坡稳定性计算模型

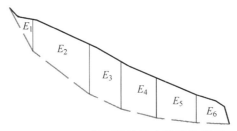

图 1.19　4—4'剖面滑坡稳定性计算模型

表 1.4　滑坡稳定性计算及评价结果汇总

| 序号 | 计算位置 | 计算工况 | 稳定系数 | 安全系数 | 剩余下滑力 /（kN/m） | 稳定状态 |
|---|---|---|---|---|---|---|
| 1 | 1—1'滑坡稳定性 | Ⅰ | 1.23 | 1.10 | 0 | 稳定 |
| | | Ⅱ | 1.02 | 1.05 | 67.00 | 欠稳定 |
| | | Ⅲ | 1.06 | 1.05 | 19.49 | 基本稳定 |
| 2 | 4—4'滑坡稳定性 | Ⅰ | 1.29 | 1.10 | 0 | 稳定 |
| | | Ⅱ | 0.95 | 1.05 | 59.47 | 不稳定 |
| | | Ⅲ | 1.09 | 1.05 | 5.16 | 基本稳定 |

7. 滑坡稳定性评价

按照现行行业标准《滑坡防治工程勘查规范》（DZ/T 0218—2006）对滑

坡稳定性评价的分级标准，当滑坡稳定性系数 $K \geqslant 1.15$ 时，滑坡处于稳定状态；当 $1.05 \leqslant K < 1.15$ 时，滑坡处于基本稳定状态；当 $1.00 \leqslant K < 1.05$ 时，滑坡处于欠稳定状态；而当 $K < 1.00$ 时，滑坡处于不稳定状态。通过计算，按照以上的评价原则，项目区滑坡稳定性分析评价结果见表 1.4。

稳定性计算结果表明：该滑坡属于牵引式滑坡，前缘牵引区在暴雨工况下均处于不稳定状态，且稳定性较差，在其余工况处于欠稳定～基本稳定状态；滑坡整体在暴雨工况下均处于欠稳定状态，在其余各工况处于基本稳定～稳定状态。稳定性分析表明：该滑坡牵引滑坡破坏十分明显，且特征突出。

综上所述，稳定性计算结果与现场调查的结论基本一致，3 条剖面在饱和状态下处于强变性阶段，稳定性系数相对较低，推力较大。计算结果与实际情况基本相符，说明参数取值是基本合理的。整个滑坡区域存在整体滑动的可能性。

8. 滑坡发展趋势分析

项目区滑坡前缘垮塌后，不利的地形临空条件、土质滑坡结构等滑坡发育的基础条件仍然存在，而且滑坡发生后，滑体结构变得更加松散，更加有利于降雨入渗和地下水的补给，所以，目前滑坡仍存在继续滑动的内外地质条件。且滑坡对地震、降雨等诱发因素将更加敏感，诱发滑坡继续滑动的临界值将更低。在暴雨或持续降雨情况下，滑坡的稳定性可能会进一步下降，再次发生整体滑动的可能性较大。

## 1.3.1.4 治理工程方案设计

1. 治理工程设计思想与工程布置

滑坡坡体特征、形成机制分析及稳定性计算分析结果表明，滑坡在暴雨自重条件下处于欠稳定～不稳定状态，安全储备不足，存在一定的剩余下滑力，灾害体的治理思路应该从防止灾害体对保护对象构成威胁出发，加美滑坡直接威胁对象为坡脚村民房屋。综合考虑滑坡地形地貌条件、变形破坏特征、资金投入、村民意愿及与保护对象的关系，提出对该滑坡的应急处置措施为挡土墙+截排水沟。

2. 工程布置

根据稳定性与推力计算分析，考虑场地特征和施工条件要求，于滑坡前缘设挡土墙、后缘设截排水沟进行防治（图 1.20、图 1.21）。

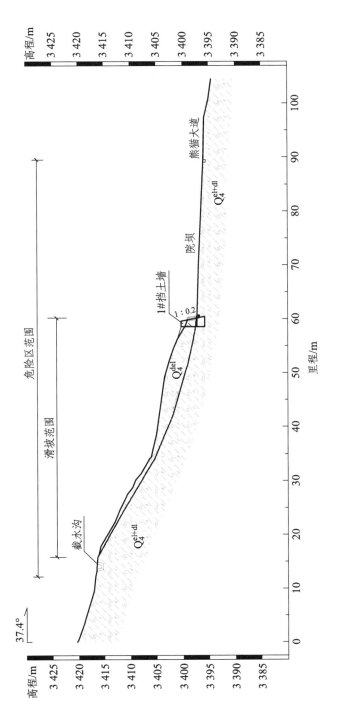

图 1.20　剖面布置图

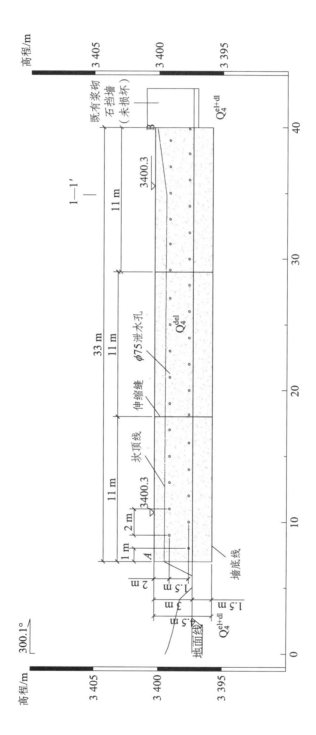

图 1.21 挡土墙横剖面布置图

（1）挡土墙。

1#、3#、4#挡土墙布置于滑坡前缘，总长 109.5 m，挡墙高度为 4.5 m，其中基础埋深 1.5 m、顶宽 1.0 m、底宽 1.9 m，外侧坡比为 1∶0.2，内侧直立，C20 混凝土结构。

（2）截排水沟。

截排水沟布置于滑坡后缘外稳定区域，总斜长 194.4 m，采用梯形断面，顶宽 0.46 m、底宽 0.3 m、高 0.4 m、壁厚 0.20 m，人工开挖，C20 混凝土结构。

3．结构设计

（1）1#、3#、4#挡土墙布置于滑坡前缘，总长 109.5 m，1#挡土墙长 33 m，3#挡土墙长 15.7 m，4#挡土墙长 60.8 m。

（2）挡墙高度为 4.5 m，其中基础埋深 1.5 m、顶宽 1.0 m、底宽 1.9 m，外侧坡比为 1∶0.2，内侧直立，C20 混凝土结构。

（3）挡墙每隔 10 m 左右或转角处设置一道伸缩缝，缝宽 2 cm，采用沥青麻筋填塞。

（4）墙身设置 2 个排泄水孔，排水孔距墙顶 1.2 m，行间距为 1.5 m，列间距为 2.0 m，梅花形布置，泄水孔直径为 75 mm，采用聚氯乙烯（PVC）管，泄水孔坡率为 5%。

（5）墙后回填设砂卵石反滤层，厚度为 20 cm，反滤层的粒径宜在 0.5～50 mm 之间，并应筛选干净，自下而上填筑，反滤层底部夯填 20 cm 黏土封底。

（6）墙后采用碎块石土回填，夯实度不小于 90%，回填至与墙顶等高。

（7）挡墙前设置排水沟，总长 138.2 m，其中靠墙段长 109.2 m，不靠墙段长 29.0 m，断面尺寸为 0.3 m×0.3 m，壁厚 0.2 m，C20 混凝土结构。

（8）排水沟单向排水，分别从 S8、S10 处接入公路边沟和自然冲沟。

（9）其他未尽事宜，按相关标准执行。

挡土墙和截排水沟结构如图 1.22 和图 1.23 所示。

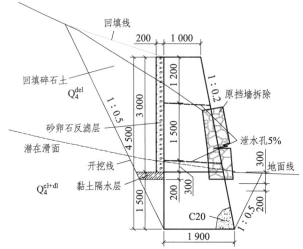

说明:
图示尺寸除标明外均以mm计。
1. 1#、3#、4#挡土墙布置于滑坡前缘,总长
109.5 m,1#挡土墙长33 m,3#挡土墙长15.7 m,4#
挡土墙长60.8 m;
2. 挡墙高度4.5 m,其中基础埋深1.5 m,顶宽
1.0 m,底宽1.9 m,外侧坡比1:0.2,内侧直立,
C20混凝土结构;
3. 挡墙每隔10 m左右或转角处设置一道伸缩缝,
缝宽2 cm,采用沥青麻筋填塞;
4. 墙身设置2个排泄水孔,排水孔距墙顶1.2 m,
行间距1.5 m,列间距为2.0 m,梅花形布置,泄水孔
直径75 mm,采用PVC管,泄水孔坡率5%;
5. 墙后回填砂卵石反滤层,厚度20 cm,反滤层的
粒径宜在0.5~50 mm之间,并应筛选干净,自下而上
填筑,反滤层底部夯填20 cm黏土封底;
6. 墙后采用碎块石土回填,夯实度不小于90%,
回填至与墙顶等高;
7. 挡墙前设置排水沟,总长138.2 m,其中靠墙
段109.2 m,不靠墙段29.0 m,断面尺寸0.3 m×0.3 m,
壁厚0.2 m,C20混凝土结构;
8. 排水沟单向排水,分别从S8、S10处接入公路
边沟和自然冲沟;
9. 其他未尽事宜,按照相关要求执行。

图 1.22 挡土墙结构图 (单位: mm)

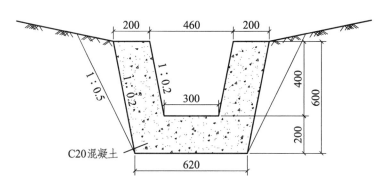

图 1.23 截排水沟结构 (单位: mm)

## 4. 挡土墙结构计算

### (1) 重力式抗滑挡土墙验算。

计算项目: 1#抗滑挡土墙

————————————————————————————————————————————————

原始条件 (图 1.24):

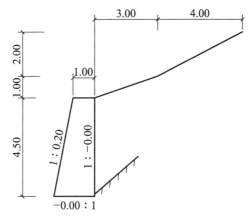

图 1.24　重力式挡墙验算原始条件（单位：m）

墙身尺寸：

　　墙身高：4.500（m）

　　墙顶宽：1.000（m）

　　面坡倾斜坡度：1∶0.200

　　背坡倾斜坡度：1∶0.000

　　墙底倾斜坡率：0.000∶1

物理参数：

挡墙材料：C20 混凝土

　　圬工砌体容重：23.000（kN/m³）

　　墙身砌体容许压应力：2100.000（kPa）

　　墙身砌体容许剪应力：110.000（kPa）

　　墙身砌体容许拉应力：150.000（kPa）

　　墙身砌体容许弯曲拉应力：280.000（kPa）

　　圬工之间摩擦系数：0.400

　　地基土摩擦系数：0.500

　　挡土墙类型：一般挡土墙

　　墙后填土内摩擦角：35.000（°）

　　墙背与墙后填土摩擦角：17.500（°）

　　墙后填土容重：19.000（kN/m³）

　　地基土容重：18.000（kN/m³）

　　修正后地基土容许承载力：200.000（kPa）

墙底摩擦系数：0.500

地基土类型：土质地基

地基土内摩擦角：30.000（°）

坡线与滑坡推力：

坡面线段数：2

| 折线序号 | 水平投影长/m | 竖向投影长/m |
|---|---|---|
| 1 | 3.000 | 1.000 |
| 2 | 4.000 | 2.000 |

坡面起始距离：0.000（m）

地面横坡角度：40.000（°）

墙顶标高： 0.000（m）

| 参数名称 | 参数值 |
|---|---|
| 剩余下滑力 | 67.000（kN/m） |
| 推力与水平面夹角 | 20.000（°） |
| 推力作用点距墙顶的距离 | 3.000（m） |

==============================================================

第 1 种情况：滑坡推力作用情况

[墙身所受滑坡推力]

Ea=67.000 Ex=62.959 Ey=22.915（kN）

作用点距离墙底高度=1.500（m）

墙身截面积=6.525（m²） 重量=150.075 kN

（一）滑动稳定性验算

基底摩擦系数=0.500

滑移力=62.959（kN） 抗滑力=86.495（kN）

滑移验算满足：Kc=1.374>1.300

（二）倾覆稳定性验算

相对于墙趾点，墙身重力的力臂 Zw=1.152（m）

相对于墙趾点，Ey 的力臂 Zx=1.900（m）

相对于墙趾点，Ex 的力臂 Zy= 1.500（m）

验算挡土墙绕墙趾的倾覆稳定性

倾覆力矩=94.439（kN·m）　　抗倾覆力矩=216.384（kN·m）

倾覆验算满足：K0=2.291>1.500


（三）地基应力及偏心距验算

基础为天然基础，验算墙底偏心距及压应力

作用于基础底的总竖向力=172.990（kN）　总弯矩=121.945（kN·m）

基础底面宽度 B=1.900（m）　　偏心距 e=0.245（m）

基础底面合力作用点距离基础趾点的距离 Zn=0.705（m）

基底压应力：趾部=161.511　　踵部=20.584（kPa）

作用于基底的合力偏心距验算满足：e=0.245<=0.250*1.900=0.475（m）

地基承载力验算满足：最大压应力=161.511<=200.000（kPa）


（四）基础强度验算

基础为天然基础，不作强度验算


（五）墙底截面强度验算

验算截面以上，墙身截面积=6.525（m²）重量=150.075（kN）

相对于验算截面外边缘，墙身重力的力臂 Zw=1.152（m）

相对于验算截面外边缘，Ey 的力臂 Zx=1.900（m）

相对于验算截面外边缘，Ex 的力臂 Zy=1.500（m）

法向应力检算

作用于验算截面的总竖向力=172.990（kN）总弯矩=121.945（kN·m）

相对于验算截面外边缘，合力作用力臂 Zn=0.705（m）

截面宽度 B=1.900（m）　　偏心距 e1=0.245（m）

截面上偏心距验算满足：e1=0.245<=0.300*1.900=0.570（m）

截面上压应力：面坡=161.511（kPa）　　背坡=20.584（kPa）

压应力验算满足：计算值=161.511<=2100.000（kPa）

切向应力检算

剪应力验算满足：计算值=-3.282<=110.000（kPa）

=======================================================

第 2 种情况：库仓土压力（一般情况）

[土压力计算]计算高度为 4.500（m）处的库仓主动土压力

按实际墙背计算得到

第 1 破裂角：37.100（°）

Ea=61.200 Ex=58.367 Ey=18.403（kN）　作用点高度 Zy=1.477（m）

墙身截面积=6.525（m²）　重量=150.075（kN）

（一）滑动稳定性验算

基底摩擦系数=0.500

滑移力=58.367（kN）　抗滑力=84.239（kN）

滑移验算满足：Kc=1.443>1.300


（二）倾覆稳定性验算

相对于墙趾点，墙身重力的力臂 Zw=1.152（m）

相对于墙趾点，Ey 的力臂 Zx=1.900（m）

相对于墙趾点，Ex 的力臂 Zy=1.477（m）

验算挡土墙绕墙趾的倾覆稳定性

倾覆力矩=86.224（kN·m）　抗倾覆力矩=207.811（kN·m）

倾覆验算满足：K0=2.410>1.500


（三）地基应力及偏心距验算

基础为天然基础，验算墙底偏心距及压应力

作用于基础底的总竖向力=168.478（kN）　总弯矩=121.587（kN·m）

基础底面宽度 B=1.900（m）　偏心距 e=0.228（m）

基础底面合力作用点距离基础趾点的距离 Zn=0.722（m）

基底压应力：趾部=152.607（kPa）　踵部=24.739（kPa）

作用于基底的合力偏心距验算满足：e=0.228<=0.250*1.900=0.475（m）

地基承载力验算满足：最大压应力=152.607<=200.000（kPa）


（四）基础强度验算

基础为天然基础，不作强度验算


（五）墙底截面强度验算

验算截面以上，墙身截面积=6.525（m²）　重量=150.075（kN）

相对于验算截面外边缘，墙身重力的力臂 Zw=1.152（m）

相对于验算截面外边缘，Ey 的力臂 Zx=1.900（m）

相对于验算截面外边缘，Ex 的力臂 Zy=1.477（m）

法向应力检算

作用于验算截面的总竖向力=168.478(kN) 总弯矩=121.587(kN·m)

相对于验算截面外边缘，合力作用力臂 Zn=0.722（m）

截面宽度 B=1.900（m） 偏心距 e1=0.228（m）

截面上偏心距验算满足：e1=0.228<=0.300*1.900=0.570（m）

截面上压应力：面坡=152.607（kPa） 背坡=24.739（kPa）

压应力验算满足：计算值=152.607<=2100.000（kPa）

切向应力检算

剪应力验算满足：计算值=-4.749<=110.000（kPa）

# 1.3.2 清方减载（案例2）

## 1.3.2.1 区域地质环境条件

### 1. 气象、水文

项目区气候属明显的大陆性高原季风气候，全年气候的显著特点是日温差大，年温差小，冬无严寒，夏无酷暑，立体差异突出，干湿分明，四季不明显。

区内为高山峡谷区，由于海拔相对高差大，因而气候呈立体分布。区内大致可分为三种气候类型：2 400 m 以下的半干旱河谷区属暖温带季风气候；2 400~3 000 m 的地带属温带季风气候；3 000~4 000 m 的地带属寒温带季风气候。热量资源从南到北随海拔的升高而降低，降水资源则是从南向北随海拔的升高而增多。

县内降水分布差异显著，在平面上，降水量由南向北随海拔的增高而增多，项目区多年平均降水量等值线如图 1.25 所示。据区域降水资料推算，海拔升高 100 m，降水增多 10.4~20.3 mm，据调查，高度在 4 000 m 左右，即森林分布的上限，降水量大；而县域内各地年降水量都在 600 mm 以上，河谷地区多年平均降水量为 621 mm，最大年降水量为 858.1 mm，最大一日降雨量为 56.2 mm，最大一次暴雨量为 52.1 mm，平均降水量为 828 mm。在时间上，冬春季节降水量严重偏少，常发生冬干连春旱，而夏秋季降水偏多，各月分配不均（图 1.26）：降水量集中在夏半年（5～10 月）为 588.1 mm，占全年降水量的 91%；而冬半年（11 月～次年 4 月）降雨量仅 57.9 mm，占全年降水量的 9%。全年降雨呈双峰型分布，6、9 月是降水高峰期，每年雨季开始和临近结束有两次大的降水过程。6～7 月多洪灾，8 月常有伏旱，9 月初至 10 月上旬有程度不同的连阴雨，连阴雨一般出现时间个别年份可持续到 10 月中旬，从资料看，1983—2006 年的 23 年中，出现连阴雨 16 年，占 70%，其中发生中等强度的 7 年，约占 30%，重连阴雨 9 年，约占 39%，一年中出现一次的占多数，少数年份可达 2 次。

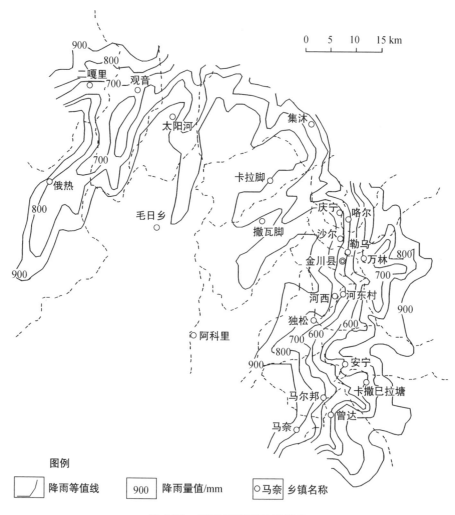

图 1.25　项目区降雨量等值线

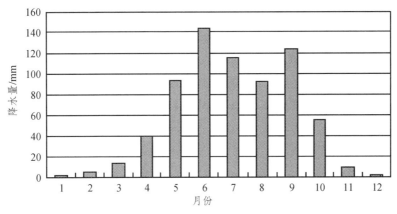

图 1.26　项目区常年各月降水分布

大金川长 150 km，在金川境内长 113 km，流域面积为 4 342 km²。年径流总量为 1 833 700 万立方米，多年平均流量为 560.34 m³/s，夏季洪水期最大流量为 3 990 m³/s，最高水位为 46.86 m，冬春枯水季流量为 87.2 m³/s，最低水位为 40.39 m,河流最大含沙量为 7 020 g/m³,最大输沙率为 11 200 kg/s。主干河道最宽处 212 m，最窄处 70 m，落差 237 m，河谷多呈 V 字形。

2. 地形地貌

项目区位于四川盆地与青藏高原东南缘的过渡地带，境内地势西北部杜柯河流域北低南高，河流由南向北流入杜柯河，东部大金川河流域北高南低，山脉为南北走向。县境山脉海拔多在 4 000～4 200 m，不少峰脊达 4 500 m，最高峰是西北部与壤塘接壤的喇嘛山，海拔为 5 007 m，最低的地方是马奈坪，海拔为 2 040 m，相对高差约 3 000 m，一般比高在 2 000 m 以上。全县整个地势北高南低，并由西北逐渐向东南倾斜。

区内山地起伏，河流深切，谷坡陡峭，相对高差大，以深切割的高山、高中山为主，在该县西部、东部高山区山脉脊部为山原地貌，山坡坡度一般在 30°以上，山脊形态类型多数为尖山脊，少数为浑圆状山脊。水系呈树枝状分布，河谷多为峡谷、嶂谷地形，河谷断面一般呈 V 字形。

区内地貌可划分为构造侵蚀高山、高中山以及 V 形河谷三种类型。

（1）高山：分布于区内除大金川河两岸以外的全部地带，绝对高程在 3 500 m 以上，相对比高大于 1 500 m，区内切割剧烈，山高谷深，山脊尖刀单薄，与狭窄的 V 字形沟谷彼此相间重复排列，显示以侵蚀作用为主的地貌景观。高山地带，近代冰蚀作用相对强烈，广泛分布有角峰、鳍脊及冰斗。

在高程 4 000 m 以上地区，多为高山山原地貌，地形起伏和缓，相对高差小，分布许多规模大小不等的"海子"。西北部地区水草丰茂，森林覆盖面大，草地分布广，是该县的林、牧业区。

（2）高中山：分布于大金川河两侧，呈条带状分布，标高在 2 040～3 500 m，相对切割深度大于 1 000 m，侵蚀作用自西北向东南方向由弱变强，组成岩性以变质砂岩、板岩及花岗岩为主，其次为火山岩。地形切割强烈，悬崖绝壁多见，山脊形态呈尖峭状。山坡和谷坡坡度较大，平均坡度在 35°左右，沟谷横剖面多呈 V 形，纵向坡度较大，尤其是河谷两侧支沟，纵剖面多呈阶梯状，水流则形成小瀑布和跌水现象。沿沟谷坡及山脊部位常见有崩塌、滑坡、泥石流等地质现象。在河流支沟沟口常见有泥石流分布。

（3）V 形河谷：分布于大金川及其上游河段杜柯河等沿河两岸，河谷呈狭窄 V 字形，岸坡坡角在 40°以上，河流、溪沟呈线状，河床多裂点，谷中多险滩，沿岸崩塌、滑坡屡见不鲜。其中，尤以大金川河谷的城关区与安宁区为多，由第四系沉积物构成，是该县主要农作物生长区。

此外，由花岗岩、变质砂岩等坚硬岩层组成的山脊、山顶，尖峭峻拔，构成独特的地貌景观。

3. 地层岩性

勘查区广泛分布三叠系"西康群"中、上统区域浅变质岩，主要岩性为变质砂岩、板岩，偶有结晶灰岩。属浅-滨海相碎屑岩夹碳酸盐岩沉积建造，局部海陆交互相。现由老到新分述如下：

（1）侏倭组（$T_3zh$）。

该组为一套韵律式浅海复理式碎屑岩建造，厚 760～1 000 m，与下伏杂谷脑组整合接触。岩性为薄、中、厚层变质长石砂岩、石英砂岩、岩屑砂岩、细砂岩、粉砂岩与深灰色粉砂质板岩、绢云母板岩、炭质板岩不等厚互层产出，偶夹结晶灰岩。砂、板岩之比为 2∶1～4∶1。以砂、板岩互层频繁，砂岩单层薄为特征。水平方向的变化：厚度由东向西有增加的趋势；由东向西砂岩减少，板岩增多，砂岩单层厚度增大，颗粒变粗。

（2）新都桥组（$T_3xn$）。

按岩性组合特征分为上、下两段。

下段：厚 726～2 200 m，为一套具微细层理之泥质黏土沉积建造。岩性是深灰、黑灰色板岩、炭质板岩、粉砂质板岩，夹少量中薄层砂岩，个别厚层状变质细砂岩、粉砂岩、石英砂岩。所夹砂岩厚度多在 50 m 以下，板岩与砂岩之比为 7：1～8：1。

上段：厚 1 400～4 000 m，为浅海碎屑岩沉积建造。由薄、中～厚层变质细砂岩夹少量板岩的砂岩段与深灰色砂质板岩、炭质板岩夹少量薄层变质砂岩的板岩段互层。砂岩与板岩之比约为 3：1。

此外，大致在上、下两段接触部位，多处见一层厚约 150 m 的紫红色未变质的砂、泥岩层。其岩性、结构与两侧变质岩不同，富含铁质、钙质，微细层理、斜层理发育，属陆相沉积。底部尚有一层含铁砾岩，与下伏变质岩平行不整合接触。该组下部板岩段于水平方向上具下述特征：由北向南板岩减少，砂岩增多；含钙不均一。

（3）更新统（$Q_p$）。

该组主要为冰水冰川堆积，构成Ⅱ～Ⅴ级阶地。Ⅱ、Ⅲ级阶地沉积总厚度 > 201.3 m，一般具二元结构，上覆黄土或砂质黏土，黄土层中垂直节理发育，层理不明显，结构疏松，含钙结核和极少量小的尖棱角状岩块。该黄土在阶地中的高度和厚度均较稳定。砂质黏土具似层状，有近水平的层纹构造，结构疏松，具细孔构造。其下为（似）层状砂砾层或砾砂层（或未见），砾石成分较杂，分选较差，大小不一，排列杂乱，磨圆中等，砾间以砂质为主，少量泥质充填，钙质半胶结。冰川（水）搬运遗迹明显。Ⅳ、Ⅴ级阶地中未见砾石层，仅具黄土或亚黏土覆盖于基座、山坡之上。黄土层中具钙质结核，极少细小的尖棱状岩块，本层层理极不明显，柱状节理发育。

（4）全新统（$Q_4$）。

该组包括河床阶地堆积和残坡积、坡洪积、崩坡积等。

河床堆积（$Q_4^{al}$）：受水系控制，分布于河流两岸，构成Ⅰ级阶地和漫滩。一般略显二元结构，顶部为砂质黏土层，下部主要为砂砾层—砾砂层，河漫滩中可见少部为砂质滩。其砾石成分较杂，磨圆、球度较好，分选中等，砾石具叠瓦状定向排列，倾向河流上游，砾间泥砂质充填，层状构造明显；除砾石外，尚含少量岩块。其堆积沿河流呈狭长条带状分布。

崩坡积及残坡积（$Q_4^{el+dl}$）：在区内主要位于沟谷两侧山坡，分布零星，随处可见，常形成倒石堆，由砂质、黏土、棱角状的岩块等构成，厚度一般 > 20 m。其分布与规模大小严格受构造、地形及基岩风化难易程度控制，是区内滑坡的主要物质来源。

坡洪积（$Q_4^{pl}$）：一般分布于溪沟口，厚 5～10 m 不等，宽度不一，多呈扇状，组成物质为砂、砾、黏土及大小不等的尖棱状岩块，是区内较多沟谷内形成泥石流的主要物源。

4. 地质构造与地震

项目区位于滇藏歹字形构造头部外围与金汤弧形构造西半弧复合部位。前者分布于县境西南角小部分地区，后者分布于境内东北部大部分地区，约占全县面积的 90%。其构造的显著特点：一方面，区内褶皱构造发育，断裂不发育，以挤压紧密、轴部尖棱为特征的褶皱为主，一个大的褶皱往往由数个至数十个次级褶皱组成，一个次级褶皱，又包含多个揉皱、挠曲，断裂主要有向阳断裂和烧日断裂，皆为推测断裂；另一方面，两构造体系之构造形迹表现形式不一，并在平面上构成明显分区，其中歹字形构造体系为区域性强大的压应力作用的产物，由一系列强烈挤压之线性褶皱组成，构造线呈北西线展布，而金汤弧形构造体系为局部应力场的产物，应力相对较弱，主要由一系列强烈挤压之紧密褶皱组成，由北向南褶皱紧密程度递增，构造轴线呈东西向、北西西向，地层多以塑性变形为主。

（1）构造形迹。

区内主要的构造形迹包括：属滇藏歹字形构造体系的①冷都背斜以及属金汤弧形构造的②恰昌寺向斜、③赛日浩背斜、④俄日背斜及向阳断裂（$F_1$）和烧日断裂（$F_2$）等。

项目区内其主要特征见表 1.5。

表 1.5  主要构造特征

| 构造分区 | 编号 | 构造名称 | 展布方向 | 核部地层 | 主要岩性 | 测量部位 | 产状/（°） | | |
| --- | --- | --- | --- | --- | --- | --- | --- | --- | --- |
| | | | | | | | 走向 | 倾向 | 倾角 |
| 滇藏歹字形构造体系 | 1 | 冷都背斜 | 北西－南东 | $T_3zh$ | 砂、板岩不等厚互层 | 北东翼 | 315～346 | 45～76 | 63～74 |
| | | | | | | 南西翼 | 315 | 225 | 53 |
| 金汤弧形构造 | 2 | 恰昌寺向斜 | 北西－南东东 | $T_3xn$ | 上段砂岩夹板岩 | 北东翼 | | | |
| | | | | | | 南西翼 | 90～118 | 0～28 | 45～56 |
| | 3 | 赛日浩背斜 | 北西－南东东 | $T_3zh$ | 砂、板岩不等厚互层 | 北东翼 | 238～310 | 40～68 | 30～60 |
| | | | | | | 南西翼 | 280 | 190 | 40 |
| | 4 | 俄日背斜 | 北西－南东东 | $T_3zh$ | 砂、板岩互层 | 北东翼 | 260～290 | 350～20 | 50～70 |
| | | | | | | 南西翼 | 290～300 | 200～210 | 60～75 |
| | $F_1$ | 向阳断裂 | 北西－南东东 | $T_3xn$ $T_3zh$ | 砂板岩 | | | | |
| | $F_2$ | 烧日断裂 | 北西西－东西 | $T_3xn$ $T_3zh$ | 砂板岩 | | | | |

（2）新构造运动。

区内新构造运动较强烈，其主要特征如下：

① 强烈的上升运动。第四纪至晚近时期，区内以大面积抬升为主。因而在大金川河等两侧，第四纪阶地极为发育，共发育五级阶地。Ⅰ级阶地为堆积阶地，Ⅱ～Ⅴ级阶地皆属基座阶地。一般阶地堆积物较薄，阶地相对高差比较大，如大金川河Ⅱ级阶地高出河水面达 105 m。

② 盆地到高原过渡带。在过渡带的山区形成高山峡谷，相对高差悬殊，东西地形极不相称，视为地形的裂点，说明了晚近期构造活动的差异性。

③ 物理地质现象较发育。在高山峡谷地区崩塌、滑坡、泥石流也较普遍，因地壳的相对不稳定性和地壳的活动造成物理地质现象的发生和发展。

④ 晚近期断裂活动。鲜水河断裂、龙门山断裂，近代仍在继续活动，而且活动也较频繁，断裂的活动导致历史上和现代地震多次发生。

（3）地震。

项目区地处鲜水河地震带和松潘地震带之间，按照《中国地震动参数区划图》（GB 18306—2001），抗震设防烈度为 7 度，地震加速度值为 0.10g。1974—1985 年，境内及与邻县交界处发生了 3 级以下地震 166 次，3～4 级地震 16 次。

1748 年 10 月 9 日、12 日，在与小金县交界处发生 5.5 级地震，县内道路、房屋遭到破坏。

1975 年 1 月 16 日，俄热发生地震，最大震级 4 级，因该区人烟稀少，未造成损失。

1982 年 4 月 4 日，万林热地坪发生地震，最大震级 4 级，由于震源浅，震中距人口稠密区近，山地浮石震滚，旧、危房墙裂瓦落，个别碉顶及旧藏式楼房被震垮，无人员伤亡。

县外地震对县内有一定影响：

1928 年 7 月 20 日 4 时，小金北部地区发生 5.5 级地震，对该县有一定影响。

1932 年马尔康境内发生 5 级地震，造成县内一些房屋倾斜或垮塌。

1955 年 10 月 1 日，康定发生 5.75 级地震，对该县有一定影响。

1973 年 2 月 6 日，炉霍发生强烈地震，金川震感强烈。

2008 年 5 月 12 日，汶川发生里氏 8.0 级特大地震，项目区震感强烈。

5. 水文地质条件

根据物理力学性质，工作区岩土体可划分为岩体和松散土体两个工程地质岩类。岩体按干抗压强度和软化系数为标准可分为坚硬岩、半坚硬岩和软质岩岩类，按结构可分成块状到薄层状，其具体划分标准见表1.6。

表1.6 岩石强度、结构级别划分标准

| 岩体强度 | | | 岩体结构 | |
|---|---|---|---|---|
| | | | 级别 | 厚度/cm |
| 级别 | 干抗压强度/MPa | 软化系数 | 薄层 | <10 |
| 软弱 | <30 | <0.6 | 中厚层 | 10~50 |
| 半坚硬 | 30~80 | 0.6~0.8 | 厚层块状 | 50~100 |
| 坚硬 | >80 | >0.8 | 块状 | >100 |

区内工程地质岩组按岩土体成因建造类型划分为变质岩类、松散土类两大类。按岩土性质、结构、强度及岩性组合特征可划分为坚硬~半坚硬薄~中厚层状板岩、砂岩互层岩组及松散土石类岩组等两个工程地质岩组（表1.7）。

表1.7 工程区工程地质岩组类型划分

| 岩 类 | 工程地质岩组 | 主要地层 |
|---|---|---|
| 变质岩类 | 软弱~半坚硬薄~中厚层状板岩、砂岩岩组 | 杂谷脑组（T2z）、侏倭组（T3zh）、新都桥组（T3xn） |
| 松散土类 | 松散土石类岩组 | 第四系全新统崩坡积、四系全新统滑坡堆积、第四系全新统泥石流堆积以及更新统的冰碛层 |

（1）土体工程地质特征。

区内零星分布于沟域内沟谷岸坡以及两侧岸坡区内。岩性主要为亚黏土、砂砾石、碎块石土、卵石土，厚度一般数米至数十米。该岩组承载力变化大，一般100~500 kPa，在陡坡地段，当局部松散堆积体较厚时，易出现滑坡等地质灾害。

（2）岩体工程地质特征。

坚硬~半坚硬薄~中厚层状板岩、砂岩岩组，分布于区内大部分地区，地层主要为三叠系板岩、砂岩。砂岩抗压强度高，岩质坚硬，抗风化力强，板岩易风化崩解、软化，常形成较厚的风化层，沿其风化层，特别是在地下水、地表水的作用下，往往易产生滑坡、崩塌。

（3）人类工程活动。

区内人类工程活动主要表现：农作物种植、修房筑路以及少量的森林砍伐。其中，农作物种植对泥石流的形成无直接影响；当地居民筑房活动主要集中于沟口堆积扇，对泥石流的形成亦无直接影响；沟域内森林砍伐主要集中在沟道上游清水区，砍伐造成了一定的水土流失，为泥石流的发生提供了少量的坡面侵蚀物源，但随着近年来当地政府对无序砍伐的大力整治，砍伐行为已经基本绝迹。

#### 1.3.2.2 滑坡基本特征

1. 空间形态特征及边界条件

项目区地理位置为东经 102°03′09″，北纬 31°28′22″。滑坡整体呈"圈椅状"，坡向约 130°，前缘位于梨树林，后缘位于简易排水沟处，右侧以树林为界，左侧以冲沟为界，处于项目区大坪平台后方斜坡地带，红桥沟、龙湾庙沟沟源分布于滑坡前缘两侧。

滑坡前缘高程为 2 828.6 ~ 2 878.3 m，后缘高程为 3 105.3 ~ 3 140.9 m，相对高差 260 ~ 285 m。坡面整体呈凹形，前缘缓、中部陡、后缘缓，中上部地形坡度较大，一般为 36° ~ 41°，中下部相对较缓，一般为 23° ~ 31°。滑坡长 385 ~ 595 m，宽 201 ~ 305 m，面积约 $11.85 \times 10^4$ m$^2$，滑体厚度为 11.4 ~ 32.7 m，平均厚度约 23.5 m，总体积为 $278.5 \times 10^4$ m$^3$，属大型土质滑坡（图 1.27）。

根据钻探、浅井等揭示，滑坡体主要由第四系冰水冰川堆积块碎石土组成，其滑动面为松散块碎石土层的层内错动面。后缘滑壁高度为 10.4 ~ 26.0 m。其中，1—1′剖面滑壁水平投影距离为 26.5 m，高差为 19.6 m；2—2′剖面滑壁水平投影距离为 38.4 m，高差为 26.0 m；3—3′剖面滑壁水平投影距离为 12.2 m，高差为 10.4 m；后方缓坡地带出现两道横向拉裂缝，延伸长度约 120 m，缝宽 0.15 ~ 0.25 m，为粉质黏土及碎块石充填，垂直位移为 0.5 ~ 0.8 m，环状拉裂明显；前半部地形坡度相对较小。

至项目区滑坡 1992 年变形破坏以来，由于多年的雨水冲刷，滑坡中部坡体形成 3 条冲沟，冲沟内土体被冲刷，多为碎块石，块径为 3 ~ 25 cm。其中，1# 冲沟位于滑坡右侧边界北东约 30 m，呈 V 字形，高程介于 2 814 ~ 3 098 m，沟宽 0.5 ~ 0.7 m，深 0.6 ~ 0.9 m；2# 冲沟位于滑坡右侧边界北东约

95 m,呈 V 字形,高程介于 2 955~3 085 m,沟宽 0.8~1.7 m,深 0.8~1.2 m;3 # 冲沟位于滑坡左侧边界南西约 66 m,亦呈 V 字形,高程介于 2 887~3 073 m,沟宽 0.4~0.8 m,深 0.5~0.8 m。

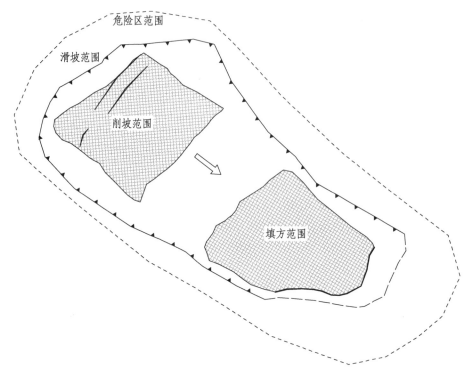

图 1.27  项目区滑坡全貌

2. 滑体特征

根据钻探、山地工程揭示滑体土主要为第四系冰水冰川堆积（$Q_3^{fgl}$）紫褐色、灰白色粉质黏土夹块碎石,可塑,稍湿,块石块径一般在 2~25 cm,部分达 35~50 cm,岩性主要为炭质板岩、变质砂岩,偶见结晶灰岩,含量为 54%~58%。滑体土结构均匀,土石比空间变化较小。滑体厚度纵向中部厚（22.5~32.7 m）、中上部及前缘相对较薄（10.3~18.4 m）；横向上滑体厚度差异较小,中间 2—2'剖面处厚 25.9~31.9 m,两侧厚 18.6~28.3 m。

3. 滑带、滑床特征

根据钻探、山地工程及调查,项目区滑坡处于项目区大坪平台后方斜坡地带,为第四系冰水冰川堆积（$Q_3^{fgl}$）层内滑动,滑床岩性、结构与滑体土总体相当，由砂质、黏土、棱角状的岩块等构成。区域资料显示，该区域内阶地厚度一般大于 200 m，其分布与规模大小严格受构造、地形及基岩风化难易程度控制，本次勘查钻孔深度未到达基岩。上覆黄土或砂质黏土，黄土层中垂直节理发育，层理不明显，结构疏松，含钙结核和极少量小的尖棱角状岩块。该黄土在阶地中的高度和厚度均较稳定。砂质黏土似层状，有近水平的层纹构造，结构疏松，具细孔构造。

4. 滑坡岩土体物理力学参数

（1）滑体土物理力学性质。

根据原状土样室内试验、现场大重度试验：滑体土天然含水率为 6.3%～19.4%，平均 13.03%；天然密度 $\rho_0$ 为 1.35～2.47 g/cm³，平均 1.91 g/cm³；天然重度为 18.13～20.68 kN/m³，饱和重度为 19.27～21.12 kN/m³；天然孔隙比 $e_0$ 为 0.472～0.76，平均 0.66；液性指数 $I_L$ 为 0.23～0.68，平均 0.35；垂直渗透系数为 $4.28 \times 10^{-4}$～$7.74 \times 10^{-5}$，平均为 $2.26 \times 10^{-4}$ cm/s。

（2）滑带土、滑床岩土物理力学性质。

野外剪切试验中，滑带土天然抗剪强度指标 $\varphi$=31.2°，$c$=36.7 kPa，饱和抗剪强度指标 $\varphi$=28.2°，$c$=21.2 kPa。根据室内试验，滑带土的天然密度 $\rho_0$ 为 1.90～2.16 g/cm³，天然孔隙比 $e_0$ 为 0.432～0.858；室内试验天然快剪强度指标 $\varphi$=27.5°～30.6°，$c$=29.6～32.4 kPa；饱和快剪强度指标 $\varphi$=22.2°～27.2°，$c$=25.6～28.4 kPa。

5. 变形破坏特征

根据调查访问，项目区滑坡所处斜坡前为树林，植被较好，坡脚原为耕地、林地与农户住房，滑坡变形失稳前，曾有人听见坡体异常声响。1992 年 8 月，滑坡区连降暴雨，项目区滑坡 2 次变形破坏后的滑坡堆积物均停留在大坪平台上，尚未到达二坪平台。滑坡首先由斜坡前缘滑塌开始，滑塌物堆积于坡脚树林，几小时后，滑塌形成的新临空面呈散体状再次变形失稳，推覆体掩埋坡脚 4 户居民房屋及耕地，未造成人员伤亡。滑坡后半部地形坡度较大，一般为 35°～43°，局部达 50°，环状拉裂明显；前半部地形坡度相对较小，一般为 30°～35°。项目区受"5·12"汶川特大地震影响相对较小，项目区滑坡相对于地震前后，变形差异并不明显。

钻探、浅井等揭示，滑坡体主要由第四系冰水冰川堆积（$Q_3^{fgl}$）碎石土组成，其滑动面为松散块碎石土层的层内错动面。后缘陡坎高度为 10.4～26.0 m，后方缓坡地带出现两道横向近乎平行的拉裂缝，延伸长度约 120 m，缝宽 0.15～0.25 m，为粉质黏土及碎块石充填，垂直位移为 0.5～0.8 m。由于多年来雨水冲刷，滑坡表面形成 3 条冲沟，沟宽 0.5～1.5 m，深 0.6～0.9 m，黏性土被冲走，多为碎块石。

1992 年，该区总降水量为 939.6 mm，比多年平均值大 38.9%，该年 8 月份连续降雨天数达 21 d 之久，降雨总量达 177.2 mm。项目区区域坡体岩性主要为黏土夹碎块石，厚度大，透水性较好，斜坡前缘地形坡度较大，强烈的降雨向坡体提供了丰富的地下水水源。降雨入渗到地下之后，降低了斜坡抗剪强度，增加了滑体土重度、动水压力及渗透压力，是诱发滑坡的直接原因。

6. 影响因素及形成机制

项目区滑坡是在连续强降雨作用下诱发的大型土质滑坡，目前在持续强降雨环境下滑坡仍有轻微变形迹象。根据勘查资料及综合分析，影响滑坡变形的主要因素为地形地貌、地层岩性、降雨等。

（1）地形地貌：滑坡处于项目区大坪平台后方斜坡地带，滑坡前缘高程为 2 828.6～2 878.3 m，后缘高程为 3 105.3～3 140.9 m，相对高差大，达 260～285 m。坡面整体呈凹形，前缘缓、中部陡、后缘缓，中上部地形坡度较大，一般为 36°～41°，中下部相对较缓，一般为 23°～31°。地形坡度大为项目区滑坡的重要因素。

（2）地层岩性：滑坡处于项目区大坪平台后方斜坡地带，为第四系冰水冰川堆积紫褐色、灰白色粉质黏土夹块碎石。区域内Ⅱ、Ⅲ级阶地厚度一般大于 200 m，上覆黄土或砂质黏土，黄土层中垂直节理发育，层理不明显，结构疏松。该黄土在阶地中的高度和厚度均较稳定。砂质黏土具似层状，有近水平的层纹构造，结构疏松，具细孔构造。土层中裂隙发育、结构疏松、具细孔构造，影响了坡体稳定性，同时有利于地表水入渗，为项目区滑坡的变形破坏因素。

（3）大气降水入渗：该区降水量集中在下半年（5～10 月），占全年降水量的 91%，6、9 月是降水高峰期，每年雨季开始和临近结束有两次大的降水过程。降雨具有时间长、雨强大、降雨集中等特点。滑坡的发生多与降雨的作用有关；大气降水入渗到地下之后，其主要作用是降低滑带土的抗剪强度，增加滑体土的重量及动水压力，增加了滑体的饱水面积及渗透压力。大气降水为项目区滑坡的主要影响因素，1992 年的滑坡变形失稳即为长时间强降雨诱发。

项目区滑坡于 1992 年变形破坏，滑坡区后缘残留滑壁明显，滑面为第四系冰水冰川堆积紫褐色、灰白色粉质黏土夹块碎石，推测为第四系层内滑动，现通过边坡塌滑区估算恢复原始地貌，并与现状地貌对照，以此作为项目区滑坡变形破坏机制与滑面性质的参考因素，并结合调查访问情况，推断出滑坡区原始地貌。

结合项目区滑坡影响因素分析，项目区滑坡变形破坏的主要原因为项目区大坪平台后方斜坡第四系冰水冰川堆积紫褐色、灰白色粉质黏土夹块碎石在大气降水作用下，抗剪强度降低，重量及动水压力增加，从而滑体的饱水面积及渗透压力增加；加之斜坡地形坡度大，无完善的截排水措施，进一步加剧了地表水的入渗。

综合项目区滑坡基本特征、变形破坏特征及稳定性以及影响因素等综合分析，项目区滑坡是在连续强降雨作用下诱发的大型推移式土质滑坡，主要影响因素为大气降水。

### 1.3.2.3 滑坡稳定性分析计算与评价

1. 滑坡计算模型

根据滑面的形态，本次不稳定斜坡稳定性计算采用以极限平衡理论为依据的折线形滑面条分法和传递系数法来计算滑坡的稳定系数和剩余下滑力。

2. 滑坡计算工况

根据该滑坡可能遭遇的最不利情况，选取自重+地下水、自重+暴雨+地下水、自重+地震三种工况来计算，三种工况下安全系数分别为 1.10、1.05、1.05。

3. 滑坡计算方法

采用综合野外、室内分析、同类工程类比等确定的滑动面来计算，滑面呈折线形，故稳定计算采用折线形滑动面计算公式，剩余下滑力计算采用传递系数法。

稳定性计算按折线形公式计算，则稳定系数 $k$ 为

$$k = \frac{\sum\limits_{i=1}^{n-1}\left(R_i \prod\limits_{j=i}^{n-1} \psi_j\right) + R_n}{\sum\limits_{i=1}^{n-1}\left(T_i \prod\limits_{j=i}^{n-1} \psi_j\right) + T_n}$$

其中：$k$—— 稳定系数；

$R_i$——作用于第 $i$ 块段的抗滑力（kN/m），$R_i = N_i\tan\varphi_i + c_i l_i$；

$N_i$——作用于第 $i$ 块段滑动体上的法向分力（kN/m），$N_i = (W_i + Q_i)\cos\alpha_i$；

$Q_i$——作用于第 $i$ 块段滑动体上的建筑荷载（kN/m²）；

$T_i$——作用于第 $i$ 块段滑动面上的滑动分力（kN/m），出现与滑动面方向相反的滑动分力时，$T_i$ 取负值，$T_i = (W_i + Q_i)\sin\alpha_i + \gamma_w A_i\sin\alpha_i$；

$A_i$——第 $i$ 块段饱水面积（m²）；

$R_n$——作用于第 $n$ 块段的抗滑力（kN/m）；

$T_n$——作用于第 $n$ 块段滑动面上的滑动分力（kN/m）；

$\psi_i$——第 $i$ 块段的剩余下滑力传递至第 $i+1$ 块段时的传递系数（$j=i$）；

$\alpha_i$——第 $i$ 块段滑动倾角（°）；

$c_i$——第 $i$ 块段滑动面上的黏聚力（kPa）；

$\varphi_i$——第 $i$ 块段滑带土内摩擦角（°）；

$L_i$——第 $i$ 块段滑面长（m）；

$W_i$——第 $i$ 块段重量（kN/m）。

剩余下滑力计算公式：

$$E_i = K[(W_i + Q_i)\sin\alpha_i + \gamma_w A_i\sin\alpha_i] + \psi_i E_{i-1} - (W_i + Q_i)\cos\alpha_i\tan\varphi_i - c_i l_i$$

其中：$E_{i-1}$——第 $i$-1 条块的剩余下滑力（kN/m），作用于分界面的中点；

$\alpha_i$——第 $i$ 条块所在滑面倾角（°）；

$K$——滑坡推力安全系数。

4. 计算剖面的选取

根据前述分析滑坡形态及地形地貌特征，选取 1—1′、2—2′、3—3′纵剖面作为滑坡最不利稳定性计算剖面，对滑坡整体稳定性进行分析评价，计算条块段划分如图 1.28 所示。剖面块段的划分按滑面岩土体类型、坡度变化将滑体划分为相应的若干块段，各条块的面积按 1∶1 000 比例尺计算，剖面在计算机上直接读取。

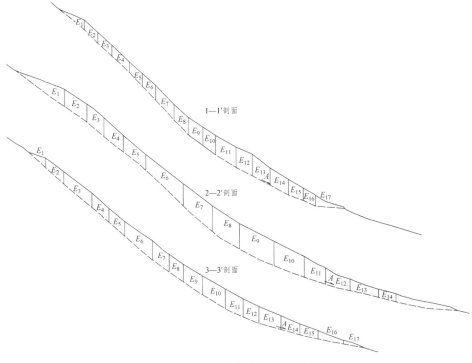

图 1.28　剖面稳定性计算条块划分

5. 滑坡计算参数选取

（1）滑体容重及孔隙率的选取。

根据岩土试验、黏性土夹碎块石（平均约 30%）的不均匀特征、少量的外加负荷等，综合加权取值天然容重为 19.26 kN/m³，饱和容重为 19.89 kN/m³；孔隙率根据试验成果综合选取为 0.66。

（2）滑带土抗剪强度的选取。

滑坡滑带土 $c$、$\varphi$ 值计算参数依据本次勘查试验值与反演值综合确定，见表 1.8。

表 1.8　土体抗剪强度及重度参数取值

| 状态 | 试验值 | | 反演值 | | 综合取值 | |
|------|--------|--------|--------|--------|--------|--------|
| | $c$/kPa | $\varphi$/（°） | $c$/kPa | $\varphi$/（°） | $c$/kPa | $\varphi$/（°） |
| 天然 | 29.6~32.4 | 27.5~30.6 | | | 29.5 | 28.7 |
| 饱和 | 25.6~28.4 | 22.2~27.2 | 27.0 | 26.0 | 26.5 | 25.83 |

6. 滑坡稳定性计算

滑坡稳定性及滑坡推力计算结果见表 1.9。

表 1.9 滑坡稳定性和推力计算成果

| 计算剖面 | 工况 1 | 工况 2 | 工况 3 | 剩余下滑力 $E$（kN/m） |
|---|---|---|---|---|
| 1—1′剖面潜在滑面 | 1.176 | 1.047 | 1.115 | 141.01 |
| 2—2′剖面潜在滑面 | 1.213 | 1.081 | 1.076 | |
| 3—3′剖面潜在滑面 | 1.194 | 1.048 | 1.130 | 139.25 |

7. 滑坡稳定性评价

按照现行行业标准《滑坡防治工程勘查规范》（DZ/T 0218—2006）对滑坡稳定性评价的分级标准，当滑坡稳定性系数 $K \geqslant 1.15$ 时，滑坡处于稳定状态；当 $1.05 \leqslant K < 1.15$ 时，滑坡处于基本稳定状态；当 $1.00 \leqslant K < 1.05$ 时，滑坡处于欠稳定状态；而当 $K < 1.00$ 时，滑坡处于不稳定状态。

稳定性计算结果表明：稳定性计算结果与现场调查的结论基本一致，3 条剖面在饱和状态下处于基本稳定～欠稳定状态，稳定性系数相对较低，推力较大。计算结果与实际情况基本相符，说明参数取值是基本合理的。

8. 滑坡发展趋势分析

根据现场调查，滑坡已发生明显滑移变形，整体处于基本稳定～欠稳定状态。采用综合野外与室内分析的潜在滑面来分析计算，稳定性计算采用折线形滑动面计算公式，剩余下滑力计算按传递系数法计算，稳定性计算结果与现场调查滑坡区的变形情况基本吻合。随着近期强降雨天气不断增多，在未加治理的情况下，再次发生滑坡失稳变形的可能性较大，直接威胁项目区 17 户 70 余人的生命财产安全及耕地、果林约 80 亩（1 亩 ≈ 667 m²），可能造成经济损失约 700 万元。由于项目区滑坡变形失稳进入红桥沟、龙王庙沟，成为泥石流物源，可能威胁县城环城路一带居民生命财产安全，其潜在经济损失约 1.8 亿元。

### 1.3.2.4 治理工程方案设计

1. 治理工程设计思想与工程布置

地形坡度较大，尤其是后缘滑体厚度较大、滑面倾角较大为项目区滑坡重要诱发因素，故建议采用后缘削方前缘压脚的防治工程措施。

削方区位于滑坡后缘高程 2 982～3 143 m 之间，压脚区位于前缘高程 2 841～2 943 m 之间。总削方面积约 $3.36 \times 10^4$ m²，厚度为 3.3～5.6 m，平均厚度为 4.5 m，总方量为 $15.12 \times 10^4$ m³。在压脚区前缘布置脚墙，长 330 m，防治雨水冲刷压脚区坡脚（图 1.29）。

2. 稳定性验算

削方压脚后滑坡稳定性验算条分图如图 1.30 所示。

（1）计算公式。

① 稳定性系数计算公式。

$$K_{\mathrm{f}} = \frac{\sum\limits_{i=1}^{n-1}\left\{\left[W_i(1-r_u)\cos\alpha_i\right]\tan\varphi_i + c_i l_i \prod\limits_{j=i}^{n-1}\psi_j\right\} + R_n}{\sum\limits_{i=1}^{n-1}\left[W_i(\sin\alpha_i + A\cos\alpha_i)\prod\limits_{j=i}^{n-1}\psi_j\right] + T_n}$$

$$R_n = \{W_n[(1-r_u)\cos\alpha_n - A\sin\alpha_n] - R_{Dn}\}\tan\varphi_n + c_n l_n$$

$$T_n = W_n(\sin\alpha_n + A\cos\alpha_n) + T_{Dn}$$

$$\prod_{j=i}^{n-1}\psi_j = \psi_i \psi_{i+1}\cdots\psi_{n-1}$$

式中：$\psi_j$——第 $i$ 块段的剩余下滑力传递至第 $i+1$ 块段时的传递系数（$j=i$），

$\psi_j = \cos(\alpha_i - \alpha_{i+1}) - \sin(\alpha_i - \alpha_{i+1})\tan\varphi_{i+1}$

$W_i$——第 $i$ 条块的重量（kN/m）；

$c_i$——第 $i$ 条块内聚力（kPa）；

$\varphi_i$——第 $i$ 条块内摩擦角（°）；

$l_i$——第 $i$ 条块滑带长度（m）；

$\alpha_i$——第 $i$ 条块滑带倾角（°）；

$\beta_i$——第 $i$ 条块地下水线与滑带的夹角（°）；

$A$——地震加速度（重力加速度 $g$）；

$K_j$——稳定系数。

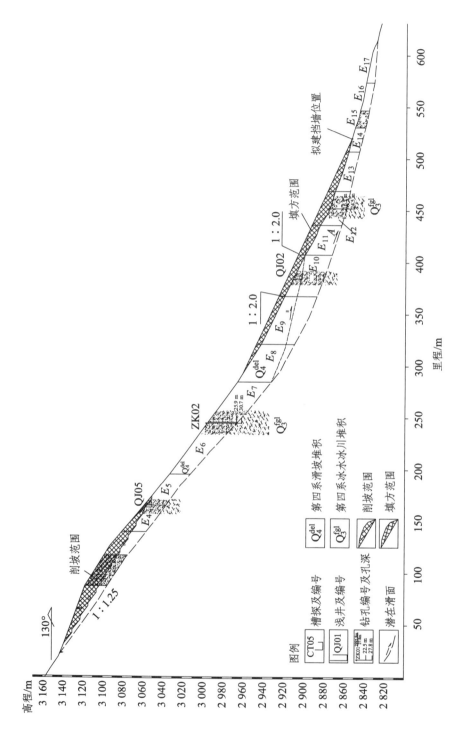

图 1.29　削方压脚剖面布置图

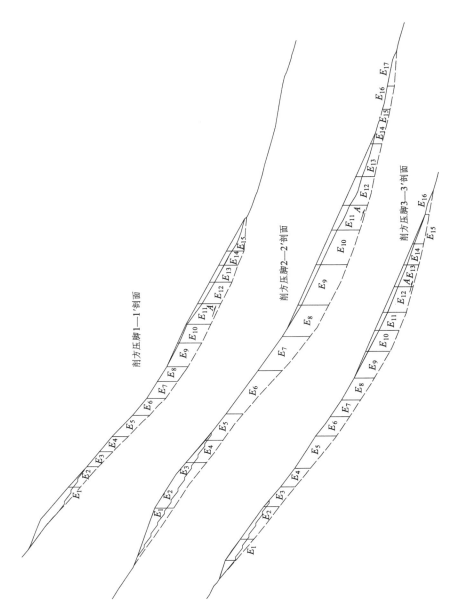

削方压脚1—1'剖面

削方压脚2—2'剖面

削方压脚3—3'剖面

图 1.30 削方压脚后滑坡稳定性验算条分图

81

② 剩余下滑推力计算公式。

$$P_i = P_{i-1}\psi + K_s \cdot T_i - R_{1i}$$

传递系数：$\psi = \cos(a_{i-1} - a_i) - \sin(a_{i-1} - a_i)\tan\varphi_i$

下滑力：$T_i = W_i \sin\alpha_i + A\cos\alpha_i$

抗滑力：$R_i = W_i(\cos\alpha_i - A\sin\alpha_i) + c_i l_i$

式中：$P_i$——第 $i$ 条块推力（kN/m）；

$\quad P_{i-1}$——第 $i$ 条块的剩余下滑力（kN/m）；

$\quad W_i$——第 $i$ 条块的重量（kN）；

$\quad c_i$、$\varphi_i$——第 $i$ 块的内聚力（KPa）及内摩擦角（°）；

$\quad l_i$——第 $i$ 条块长度（m）；

$\quad \alpha_i$——第 $i$ 块的滑带倾角（°）；

$\quad A$——地震加速度（重力加速度 $g$）；

$\quad K_s$——设计安全系数。

（2）计算工况。

根据项目区滑坡的地质环境背景及形成机制，计算中主要考虑暴雨、地震等因素，本次不稳定斜坡稳定性计算评价采用以下 3 种工况类型：

工况 1：自重；

工况 2：自重+暴雨；

工况 3：自重+地震。

在工况 1 条件下安全系数取 1.15，工况 2 条件下安全系数取 1.05，工况 3 条件下安全系数取 1.05。

（3）计算参数的选取。

计算参数选取详见表 1.10。

表 1.10　项目区滑坡工程治理后稳定性评价

| 项目 | 1—1′ | | | 2—2′ | | | 3—3′ | | |
|---|---|---|---|---|---|---|---|---|---|
| | 工况 1 | 工况 2 | 工况 3 | 工况 1 | 工况 2 | 工况 3 | 工况 1 | 工况 2 | 工况 3 |
| A 剪出 | 1.256 | 1.100 | 1.186 | 1.310 | 1.147 | 1.161 | 1.271 | 1.112 | 1.200 |
| 评价结果 | 稳定 | 基本稳定 | 稳定 | 稳定 | 稳定 | 稳定 | 稳定 | 基本稳定 | 稳定 |

（4）稳定性计算及分析。

通过滑坡稳定性计算，削方压脚后，项目区滑坡在天然、暴雨及地震工况下均处于稳定～基本稳定状态，达到了滑坡防治的目的，详见表 1.10。

### 1.3.3 抗滑桩（案例3）

#### 1.3.3.1 区域地质环境条件

**1. 气　象**

县域属青藏高原亚湿润气候区，垂直变化显著，山原气候寒冷，谷地气候温和，具春干、夏凉、秋淋、冬暖特征，四季分明。光照充足，6～9月为雨季，雨量丰沛但分布不均，霜期长且变化幅度也大，境内措拉区一带的高寒地区有大雪、寒潮发生。据相关气象资料，县域内多年平均气温为 12.8 ℃，河谷区极端最高气温达 38.5 ℃，山原极端最低气温达−23 ℃；县境多年平均降雨量为 436.1 mm。降雨主要集中在 6～9 月，占年降水量的 84%。

多年月平均降雨量统计见表 1.11 和图 1.31。

表 1.11　项目区多年月平均降雨量统计

| 月　份 | 1 | 2 | 3 | 5 | 6 | 7 | 8 | 9 | 10 | 11 | 12 |
|---|---|---|---|---|---|---|---|---|---|---|---|
| 月平均降雨量/mm | 1.5 | 10.6 | 60.9 | 315.9 | 911.7 | 1 386.6 | 1 190.6 | 887.7 | 255.4 | 36.4 | 3.2 |

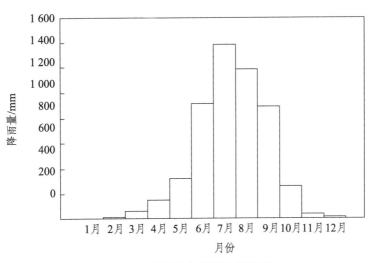

图 1.31　项目区多年平均降雨量

**2. 水　文**

境内河流为金沙江水系，巴曲是金沙江左岸一级支流。

巴曲（也称玛曲）发源于措拉区的扎全甲博冰川之下，从北到南贯穿县内的茶洛、措拉、列衣、波戈溪、松多、莫多、党巴、夏邛等8个乡镇，在川藏公路（国道318线）412 km处注入金沙江，全长147 km。其平均流量为52.1 m³/s，年总径流量为16.43亿立方米，枯、洪水位差1~3 m，50年一遇洪峰流量395 m³/s，流速2.9 m/s。巴曲上游的支流德曲发源于海子山麓，流经措拉区的德达乡和列衣乡，并在列衣乡境内与巴曲交汇；巴曲下游的支流巴久曲（也称阔达曲）发源于藏巴拉山北麓，流经夏邛镇的巴邛西、鹦哥嘴、曾然通、扎西干戈，在县城西南的曲堆顶汇入巴曲。

勘查区位于巴曲河左岸岸坡，滑坡区及前缘缓坡均无常流水，勘查区内大气降雨为地下水的主要补给源。

3. 地形地貌

区域上项目区地处横断山脉北段、金沙江中游东岸的河谷地带，区内地貌属"川西高山、高原区"中的金沙江东岸极高山亚区，按其特征又分为北东部极高山区、南西部高山峡谷区和中西、南东部高山、山原区。地势随金沙江走向由北西向东南倾斜，并呈北高南低、东高西低之状。区内最高点为北中部党结真拉峰，海拔高程6 060 m；最低点为西南角地巫乡热思村金沙江边，海拔高程为2 240 m。县境相对高差3 820 m。

勘查区位于项目区昌波乡雅哇村，属南西部高山峡谷区。斜坡坡度较陡，坡度为20°~30°。阶地陡坎海拔为2 450~2 740 m，相对高差290 m。植被不甚发育，植被覆盖率在40%左右，树种主要为灌木、核桃、苹果等。

项目区滑坡所在斜坡整体坡向为277°，坡面呈阶梯状，坡度为20°~30°，纵向长约340 m，横宽约270 m。整体东高西低。

4. 地层岩性

据收集的有关资料及现场调查，工作区及其周边出露的地层为第四系全新统残坡积层（$Q_4^{el+dl}$）、滑坡堆积层（$Q_4^{del}$）。各地层特征分述如下：

（1）第四系全新统残坡积层（$Q_4^{el+dl}$）。

该层岩性为碎石土，分布于斜坡上部及前缘，红褐色，稍密~中密，干强度较高。碎石含量在50%~60%，主要为强~中风化板岩、片岩，粒径一般为5~15 cm。

残坡积层中粉质黏土、碎石、块石分布不均，局部形成架空结构，为地下水的运移提供了有利条件；另因级配不均，局部粉质黏土含量高，不透水，从而形成饱水带或泥化夹层，形成滑带。

（2）滑坡堆积层（$Q_4^{del}$）。

该层分布于斜坡中上部滑坡区范围内，主要为含碎石粉质黏土、碎石土，含量为 30% ~ 50%，粒径一般为 3 ~ 20 cm，碎块石和转石多呈棱角状，分选性也较差。

（3）三叠系中心绒群上段（$T_{1-2}zh^2$）。

中基性火山岩：与下伏二叠系夏金雪山群假整合接触，与上覆上三叠统甲丕拉组不整合接触。岩性为灰、浅灰绿色斜长绿泥片岩。岩体结构破碎，节理裂隙发育，产状为 321°∠26°。

5. 地质构造

勘查区处于三江地槽褶皱系构造单元内，区内构造形迹主要为褶皱和断裂。构造形迹以北北西向构造、南北向构造为主体，东西向构造、北西向构造、北北东向构造、北东东向构造局部有一定发育。

勘查区附近主要构造有波戈西—拉哇断层、巴巴—囊给断层、黄草坪断层、莫西—巴塘断层带和将巴地—乐玉共背斜、鱼卡通破背斜等。

（1）波戈西—拉哇断层：该断层走向为南南东向，全长 32 km，走向 340°，呈舒缓波状。断层南端断面上见宽 3 ~ 10 m 的强烈硅化带，其走向为北北西向，倾向为 72°，倾角为 30° ~ 35°。该硅化带长 30 m，呈透镜体状顺断层走向分布，说明该断层属压性断层。勘查区位于该断层东侧，平距约 5.5 km。

（2）巴巴—囊给断层：该断层在巴巴—甲英段走向为北北西向，自甲英向南，逐渐转为南北向，囊给以南又转为北北西向，断面向南西西倾斜，倾角较陡，为逆冲断层。勘查区位于该断层东侧，平距约 0.2 km。

（3）黄草坪断层：该断层沿北北西向展布，为东盘向南斜冲的压扭性右行断层。勘查区位于该断层西侧，平距约 3.6 km。

（4）莫西—巴塘断层带：该断层带由一组彼此平行的断层和破碎带组成，分布于莫西—巴塘一带，沿北东 30° ~ 40°方向延伸，长约 76 km，断面倾向北西或南东，倾角多陡直，为右行扭性断裂。勘查区位于该断裂带北西侧，平距约 0.6 km。

（5）斋如隆—上冲坝断层：略具波状沿北北西向延伸，属区域性大断裂。该断层后期活动表现为南段西侧寒武系、志留系与东侧的志留系、泥盆系相接触；北段西侧中志留统散则组结晶灰岩夹绿片岩逆冲于东侧中泥盆统穿错组结晶灰岩之上，该断层断面多倾向南西西，倾角较陡。从区域上看是一右行压扭性断层，但在党村东约 1 km 处小山坡上，见断层破碎带宽达 100 m，断层东侧还见压性分支断裂与主干断裂构成的入字形构造，指示主干断裂西侧向南运移。可见该断裂在长期作右行扭动的过程中曾有过局部的左行扭动。该断层控制了二叠系的沉积，初始活动当在海西中期或更早，后期再次活动，错断了印支期变质岩带，故再次活动当在印支期后。

### 6. 地　震

项目区属地震频繁地带，从 1991—2000 年，每年都有中小型地震发生，仅 1991 年的 1～7 月就发生 1～4.9 级地震 350 次，其中 4～4.9 级中型地震 2 次。据调查，这些中小型地震中除震级大于 4 级的地震对农牧区房屋有轻微破坏外，其他无大的震害。但 1996 年 12 月 21 日措拉区境内发生的 5.5 级强烈地震波及全县 5 区 18 乡，出现了山体滑坡、房屋倒塌、公路垮塌、桥梁断裂、水渠错位等震害，后果极为严重。

根据现行国家标准《中国地震动参数区划图》（GB 18306—2015），勘查区地震设防烈度为Ⅷ度，设计地震分组为第二组，基本地震动峰值加速度为 0.20g，基本地震动加速度反应谱特征周期为 0.40 s。

### 7. 水文地质条件

勘查区上覆第四系松散堆积层为中透水层。地下水按其赋存特征及水理性质可分为基岩裂隙水和松散岩类孔隙水两类。

松散堆积层孔隙水主要赋存于第四系更新统残坡积碎石土层中，松散堆积物空隙度较大，透水性好，地下水赋存条件差。此类地下水主要沿土体与下伏基岩接触带向下渗透运移，最后流入巴曲。

据钻孔资料，未见稳定地下水位。

区内土层地下水贫乏，据已有资料及邻近工程经验，区内地下水和土对混凝土结构具弱腐蚀性，对混凝土结构中的钢筋具微腐蚀性，对钢结构具微腐蚀性。

### 8. 人类工程活动

项目区内的人类工程经济活动主要为种植业，种植物种为核桃、苹果等，另外是畜牧业等。由于斜坡上缺乏水利灌溉设施，当地村民采用漫灌形式灌溉果树，地表水下渗可能破坏斜坡的平衡条件，使得斜坡的稳定性降低，诱发地质灾害。

### 1.3.3.2　滑坡基本特征

#### 1. 空间形态特征及边界条件

项目区滑坡位于金沙江一级支流麦曲左侧中高山斜坡下部一凹形斜坡上，滑坡平面形态为圈椅状，整体地形东高西低。滑坡后缘以公路内侧陡坎为界，高程约 2 645 m，左右两侧以冲沟为界，前缘至斜坡陡缓交界处，高程约 2 545 m，整体高差约 100 m。滑坡坡度一般在 20°~30°之间，滑坡体纵向呈阶梯状，滑体上植被发育一般，多为耕地，少许灌木及乔木。

项目区滑坡纵向较长，横向较窄，地形东高西低。滑坡主滑方向为 277°，滑坡横向宽约 270 m，顺坡长约 300 m，平均厚度约 15 m，滑坡面积约 $8.1 \times 10^4$ m²，体积约 $121.5 \times 10^4$ m³，为大型浅层土质滑坡，其全貌如图 1.32 所示。

图 1.32　项目区滑坡全貌卫星影像

（1）滑体特征。

根据本次钻探工作，项目区滑坡滑体厚度在空间上变化明显，纵向上滑体在前后缘相对较浅，一般在 8~12 m，在中部较深，可达 15~25 m。滑体土主要为紫红色碎块石土及粉质黏土夹碎块石，湿，可塑，块石主要原岩成分为板岩、凝灰岩，碎石以泥质细颗粒为主，粒径一般为 0.5～2.0 cm，次棱角状，含量为 20%～30%；块石粒径一般为 5～20 cm，含量为 10%～20%。滑体的结构不均匀，土石比在空间上的变化较大。在垂向上，碎块石含量的变化也较大，有时以块碎石为主，有时以粉质黏土为主。

（2）滑带特征。

据本次钻孔揭露，项目区滑坡是沿层内软弱面滑动的土质滑坡，大部分钻孔软弱面清晰可见，成分为粉质黏土夹少量角砾，滑带厚 0.5～0.8 m，滑移面最大埋深约为 10 m。

（3）滑床特征。

项目区滑坡主要沿层内的软弱带滑动，前缘沿岩土接触面滑动。根据钻探揭露，滑坡滑床面从后向前由陡变缓，在剖面上呈后陡中部缓折线形态。

滑床主要由碎石土构成，前缘为强风化基岩，滑床纵向上呈折线形。滑坡中后部滑床为中密～密实的碎石土。滑动面呈折线形，坡度在 11°～28°之间。滑坡前缘为基岩滑床，岩性为灰、浅灰绿色斜长绿泥片岩。岩体结构破碎，节理裂隙发育，产状为 321°∠26°。

2. 滑坡岩土体物理力学参数

（1）滑体物理力学参数。

在滑坡体上进行了 6 次大容重试验，试验结果见表 1.12。

表 1.12　滑体大重度试验成果统计

| 土体名称 | 试验位置 | 深度/m | 重度/（kN/m³） | 平均值/（kN/m³） |
|---|---|---|---|---|
| 灰黑色、黄褐色块碎石土 | 滑坡后缘 | 0.5～1.2 | 19.4 | 19.40 |
| | 滑坡后缘 | 1.5～1.8 | 19.5 | |
| | 滑坡中部 | 0.5～1.2 | 19.3 | |
| | 滑坡中部 | 1.5～1.8 | 19.1 | |
| | 滑坡前缘 | 0.5～1.2 | 19.6 | |
| | 滑坡前缘 | 1.5～1.8 | 19.7 | |

（2）滑带土物理力学参数。

从室内测试数据分析，滑带土主要为粉质黏土夹碎块石，其物理力学主要指标：天然含水率为 19.7%～26.1%。从液性指数数据分析，滑带土为可塑～软可塑状。天然快剪值 $c$=16.1～17.7 kPa，$\varphi$=20.9°～22.1°；饱和残剪值 $c$=15.5～16.7 kPa，$\varphi$=19.5°～20.3°。

（3）滑床物理力学性质。

碎块石分布不均，且成分多样，其物理力学性质变化较大。根据邻近工点和工程经验，给出该滑床中密～密实碎石土体的天然重度为 19.4～19.8 kN/m³，饱和重度为 19.9～20.3 kN/m³；天然快剪值 $c$=9.9 kPa，$\varphi$=32°；饱和快剪值 $c$=5.6 kPa，$\varphi$=26.7°。

（4）变形破坏特征。

根据调查，项目区滑坡自 2007 年滑坡前部房屋地面出现不同程度开裂后，一直处于蠕滑变形阶段。滑坡变形逐年增大，中前部地面裂缝加宽，多处房屋墙体开裂；滑坡前部道路开裂，居民房墙体及地面拉裂。

综上所述，近几年来，滑坡一直处于蠕滑变形中，地面变形拉裂缝和房屋墙体裂缝不断新增，滑坡体在暴雨影响下处于基本稳定状态，影响滑坡体上居民的安全。

3. 影响因素

该滑坡的影响因素主要为降雨、地震和人类工程活动。

（1）地震的影响。

地震可以使滑坡体获得放大的震动峰值，引起岩土体结构和强度弱化，从而破坏岩土体内部力学平衡，致使斜坡失稳下滑。可见，地震既是斜坡失稳的长期作用因素，又是滑坡的诱发因素之一。

（2）大气降雨及地下水的影响。

滑坡区降雨丰富，该滑坡多次发生失稳变形均在汛期。汛期降雨一般为暴雨，日降雨量大。滑坡区在地形上有利于地表水汇积，滑体由碎石土构成，上部表层结构松散，且块石堆积区多具有架空现象，属强透水土层，有利于大气降雨入渗。大气降雨通过松散碎石土层的孔隙、裂缝直接入渗、运移，在相对隔水层之间富集形成地下水（上层滞水或潜水）。降雨渗入滑体增加岩土体自重，地下水对岩土体产生软化作用，降低滑动面（带）抗剪强度，是产生滑坡的重要影响因素。

（3）人类工程活动的影响。

滑坡区除居民区外，大都是改造的梯田，梯田宽 5～10 m 不等，阶梯性梯田利于雨水下渗，大量的雨水不能及时排泄，容易渗入滑体内，主要作用是降低滑移带土的抗剪强度，增加滑体土的重量及水压力。

### 1.3.3.3 滑坡稳定性分析计算与评价

1. 滑坡稳定性分析

项目区滑坡纵向较长，横向较窄，地形东高西低。滑坡主滑方向为277°，滑坡横向宽约270 m，顺坡长约300 m，平均厚度约15 m，面积约$8.1 \times 10^4$ m²，体积约$121.5 \times 10^4$ m³，为大型浅层土质滑坡。

根据目前项目区滑坡的变形特征，滑坡区坡体前缘较陡，斜坡的变形破坏特征主要表现为前缘率先发生失稳变形，随着岩土体物理力学性质的下降，坍塌范围和规模的扩大而形成大规模变形，在前缘垮塌变形的作用下牵引坡体上物质向下移动形成滑坡，为牵引式滑坡。

滑坡的发生一般是累进过程，而且往往分阶段多次周期性发生，根据现场勘查、数据分析，项目区滑坡目前处于蠕滑阶段。由于地下水、卸荷等原因，使应力改变，导致坡体内大量民房出现拉张裂缝。该蠕滑阶段已持续较长时间。推测下一步在重力、地下水等作用下，滑动面向贯通方向发展，最终导致滑坡失稳变形。

2. 计算模型与工况

（1）滑坡计算模型。

地质调查、勘探、分析表明，该滑坡为第四系松散堆积层斜坡。由于该斜坡物质结构主要为碎石土、块石土，以粉质黏土和角砾、角砾土为主，本次滑坡稳定性分析评价以勘探工作揭露滑面为依据，开展滑坡稳定性分析与评价，为后期综合治理提供理论基础与依据。

从现场钻探揭露地层分析，滑带贯穿于堆积体中下部牵引松散堆积物滑动，均适用规范规定的不平衡推力传递系数法计算滑坡稳定性系数和推力。综合确定滑坡的滑动带（面）均呈折线形。

（2）滑坡计算工况。

根据该滑坡可能遭遇的最不利情况，选取自重+地下水、自重+暴雨+地下水、自重+地震三种工况来计算，三种工况下安全系数分别为1.10、1.05、1.05。

3. 滑坡计算方法

采用综合野外、室内分析、同类工程类比等确定的滑动面来计算，滑面呈折线形，故稳定计算采用折线形滑动面计算公式，剩余下滑力计算采用传递系数法。

稳定性计算按折线形公式计算，稳定系数$k$为

$$k = \frac{\sum_{i=1}^{n-1}\left(R_i \prod_{j=i}^{n-1}\psi_j\right) + R_n}{\sum_{i=1}^{n-1}\left(T_i \prod_{j=i}^{n-1}\psi_j\right) + T_n}$$

其中：$k$—— 稳定系数；

$R_i$——作用于第 $i$ 块段的抗滑力（kN/m），$R_i = N_i \tan\varphi_i + c_i l_i$；

$N_i$——作用于第 $i$ 块段滑动体上的法向分力（kN/m），$N_i = (W_i + Q_i)\cos\alpha_i$；

$Q_i$——作用于第 $i$ 块段滑动体上的建筑荷载（kN/m²）；

$T_i$——作用于第 $i$ 块段滑动面上的滑动分力（kN/m），出现与滑动面方向相反的滑动分力时，$T_i$ 取负值，$T_i = (W_i + Q_i)\sin\alpha_i + \gamma_w A_i \sin\alpha_i$；

$A_i$——第 $i$ 块段饱水面积（m²）；

$R_n$——作用于第 $n$ 块段的抗滑力（kN/m）；

$T_n$——作用于第 $n$ 块段滑动面上的滑动分力（kN/m）；

$\psi_i$——第 $i$ 块段的剩余下滑力传递至第 $i+1$ 块段时的传递系数（$j=i$）；

$\alpha_i$——第 $i$ 块段滑动倾角（°）；

$c_i$——第 $i$ 块段滑动面上黏聚力（kPa）；

$\varphi_i$——第 $i$ 块段滑带土内摩擦角（°）；

$L_i$——第 $i$ 块段滑面长（m）；

$W_i$——第 $i$ 块段重量（kN/m）。

剩余下滑力计算公式：

$$E_i = K[(W_i + Q_i)\sin\alpha_i + \gamma_w A_i \sin\alpha_i] + \psi_i E_{i-1} - (W_i + Q_i)\cos\alpha_i \tan\varphi_i - c_i l_i$$

其中：$E_{i-1}$——第 $i-1$ 条块的剩余下滑力（kN/m），作用于分界面的中点；

$\alpha_i$——第 $i$ 条块所在滑面倾角（°）；

$K$——滑坡推力安全系数。

4. 计算剖面的选取

根据前述滑坡形态及地形地貌特征，项目区滑坡选取 1—1′、2—2′、3—3′纵剖面作为滑坡最不利稳定性计算剖面，对滑坡整体稳定性进行分析评价，并对 A、B 次级滑坡进行局部稳定性分析评价，计算条块段划分如图 1.33 ~ 图 1.41 所示。

剖面块段的划分：按滑面岩土体类型、坡度变化将滑体划分为相应的若干块段，各条块的面积按 1：1 000 比例尺计算，剖面在计算机上直接读取。

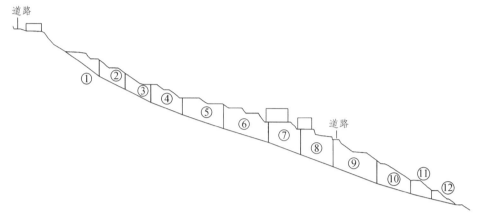

图 1.33    1—1′剖面稳定性计算条块划分

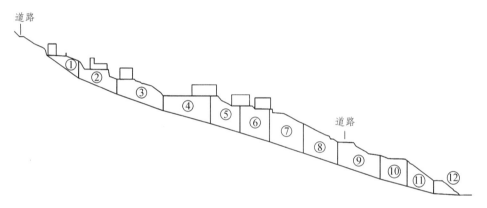

图 1.34    2—2′剖面稳定性计算条块划分

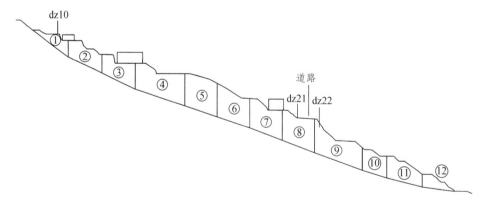

图 135    3—3′剖面稳定性计算条块划分

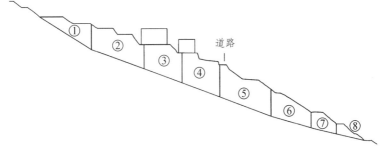

图 1.36　1—1′剖面 A 级滑面稳定性计算条块划分

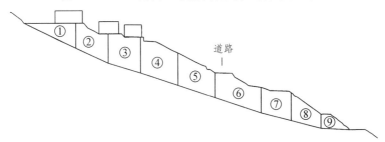

图 1.37　2—2′剖面 A 级滑面稳定性计算条块划分

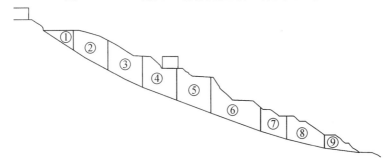

图 1.38　3—3′剖面 A 级滑面稳定性计算条块划分

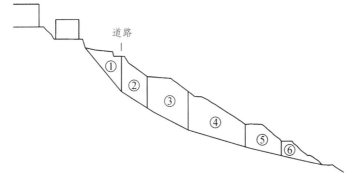

图 1.39　1—1′剖面 B 级滑面稳定性计算条块划分

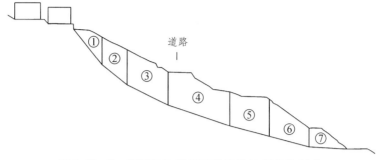

图 1.40  2—2′剖面 B 级滑面稳定性计算条块划分

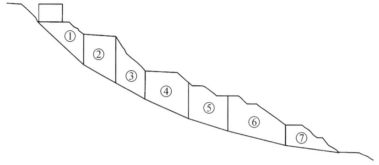

图 1.41  3—3′剖面 B 级滑面稳定性计算条块划分

5. 滑坡计算参数选取

（1）参数选取依据。

计算参数主要在统计土工试验数据、区内已有滑坡勘查治理工程经验的基础上，根据滑体、滑带土物理力学性质，结合区内地质环境条件、滑体结构特征、性状、坡体变形破坏特征及其空间变化情况、反算结果综合确定。计算参数确定的主要原则：

① 充分分析和利用试验成果、区内已有的滑坡勘查资料，统计滑带抗剪强度参数的算术平均值、方差、变异系数、最大值、最小值及标准值等，参数选用时应充分考虑各样品及试验结果的代表性。

② 选用参数时要充分结合野外地质调查和工程编录情况，根据调查和工程揭露的滑带性状，类比代表性的样品分析结果拟定试算参数，对工程揭露潜在滑带性质软弱的地段取残值或较小值，对工程揭露潜在滑带性质相对较好的地段取峰值或较大值。

③ 参数的选用要充分考虑地表变形破坏特征，对地面变形较强烈的地段，新产生的滑坡，滑带土抗剪度取残值，对地面未发生变形破坏的地段，滑带土抗剪强度取峰值，并根据地表变形破坏特征校核稳定性计算结果和调整计

算参数。

（2）滑体重度。

滑体土物质组成主要为碎石土、块石土以及灰黑色含角砾粉质黏土和角砾、角砾土。此次重度取值以室内试验为主。

① 天然状态下碎石土容重（$\gamma_{天}$）取值为 19.4 kN/m³，饱和状态下碎石土容重（$\gamma_{饱}$）取值为 20.1 kN/m³。若同一条块同时含有两种土体，则按照土体面积比例取其加权平均值。

② 上述计算公式中，总荷载中已考虑自重应力减去静水压力。

③ 在天然状态下，地下水水位浸润线以下滑块均取饱和容重。

（3）滑动面抗剪强度参数的选取。

滑动面抗剪强度参数主要依据试验数据、反算值并结合工程经验综合分析取得。根据滑坡的特性与当前所处的阶段，采用代表性土样，并用与滑坡滑动特点相似的试验方法测定 $c$、$\varphi$。

经分析比较选用峰值与残余抗剪强度之间较合适的 $c$、$\varphi$ 值。

① 试验方法确定滑带土抗剪强度参数取值。

钻探揭露：现有贯穿滑动面位于堆积体中下部土层，表 1.13 为试验得到的不同性质滑带土抗剪强度参数。

表 1.13  试验确定的滑带土抗剪强度参数

| 滑带土名称 | 天然快剪 | | 饱和残剪 | |
|---|---|---|---|---|
| | 凝聚力 $c$/kPa | 摩擦角 $\varphi$/(°) | 凝聚力 $c$/kPa | 摩擦角 $\varphi$/(°) |
| 含角砾粉质黏土 | 17.25 | 21.87 | 15.98 | 19.72 |

② 反演法是确定滑动面抗剪强度参数的一种常用方法。根据地表变形迹象，滑坡整体在天然条件下处于基本稳定～稳定状态，在饱和工况下处于基本稳定～欠稳定状态。取滑坡滑动现状暴雨工况下稳定系数为 1～1.05，由于项目区滑坡变形破坏迹象较明显，因此选滑面 1—1'剖面分别进行参数反演，反演结果见表 1.14。

表 1.14  反演确定滑带土抗剪强度参数

| 位置 | 指标 | 抗剪强度 | |
|---|---|---|---|
| | | $c$/kPa | $\varphi$/(°) |
| 滑带 | 天然状态 | 16.32 | 22.76 |
| | 饱和状态 | 15.21 | 20.21 |

③综合建议值。

比较试验值和反算值，饱和快剪、饱和残剪试验值与饱和状态反算值接近，这表明计算模型较为符合实际情况，同时表明滑动带已普遍贯通，饱和快剪值和饱和残剪值差别不大。综合取值见表 1.15。

表 1.15　滑带土抗剪强度参数综合取值

| 滑带土名称 | 天然快剪 | | 饱和残剪 | |
|---|---|---|---|---|
| | 凝聚力 $c$/kPa | 摩擦角 $\varphi$/(°) | 凝聚力 $c$/kPa | 摩擦角 $\varphi$/(°) |
| 含角砾粉质黏土 | 17.25 | 21.87 | 15.98 | 19.72 |

6. 滑坡稳定性计算

滑坡稳定性及滑坡推力计算结果见表 1.16。

表 1.16　滑坡稳定性和推力计算成果

| 剖面编号 | 滑面编号 | 计算工况 | 稳定性系数 | 安全系数 | 剩余下滑力/（kN/m） | 稳定状态 |
|---|---|---|---|---|---|---|
| 1—1′剖面 | 整体滑带 | 工况Ⅰ（天然工况） | 1.302 | 1.1 | 0 | 稳定 |
| | | 工况Ⅱ（暴雨工况） | 1.162 | 1.05 | 0 | 稳定 |
| | | 工况Ⅲ（地震工况） | 1.150 | 1.05 | 0 | 基本稳定 |
| | A 次级滑带 | 工况Ⅰ（天然工况） | 1.279 | 1.1 | 0 | 稳定 |
| | | 工况Ⅱ（暴雨工况） | 1.141 | 1.05 | 0 | 基本稳定 |
| | | 工况Ⅲ（地震工况） | 1.236 | 1.05 | 0 | 稳定 |
| | B 次级滑带 | 工况Ⅰ（天然工况） | 1.150 | 1.1 | 0 | 基本稳定 |
| | | 工况Ⅱ（暴雨工况） | 1.024 | 1.05 | 250.23 | 欠稳定 |
| | | 工况Ⅲ（地震工况） | 1.198 | 1.05 | 0 | 稳定 |
| 2—2′剖面 | 整体滑带 | 工况Ⅰ（天然工况） | 1.490 | 1.1 | 0 | 稳定 |
| | | 工况Ⅱ（暴雨工况） | 1.330 | 1.05 | 0 | 稳定 |
| | | 工况Ⅲ（地震工况） | 1.282 | 1.05 | 0 | 稳定 |
| | A 次级滑带 | 工况Ⅰ（天然工况） | 1.171 | 1.1 | 0 | 稳定 |
| | | 工况Ⅱ（暴雨工况） | 1.042 | 1.05 | 170.06 | 欠稳定 |
| | | 工况Ⅲ（地震工况） | 1.163 | 1.05 | 0 | 稳定 |
| | B 次级滑带 | 工况Ⅰ（天然工况） | 1.160 | 1.1 | 0 | 稳定 |
| | | 工况Ⅱ（暴雨工况） | 1.030 | 1.05 | 245.02 | 欠稳定 |
| | | 工况Ⅲ（地震工况） | 1.112 | 1.05 | 0 | 基本稳定 |

| 剖面编号 | 滑面编号 | 计算工况 | 稳定性系数 | 安全系数 | 剩余下滑力/（kN/m） | 稳定状态 |
|---|---|---|---|---|---|---|
| 3—3′剖面 | 整体滑带 | 工况Ⅰ（天然工况） | 1.319 | 1.1 | 0 | 稳定 |
| | | 工况Ⅱ（暴雨工况） | 1.177 | 1.05 | 0 | 稳定 |
| | | 工况Ⅲ（地震工况） | 1.128 | 1.05 | 0 | 基本稳定 |
| | A次级滑带 | 工况Ⅰ（天然工况） | 1.183 | 1.1 | 0 | 稳定 |
| | | 工况Ⅱ（暴雨工况） | 1.054 | 1.05 | 0 | 基本稳定 |
| | | 工况Ⅲ（地震工况） | 1.091 | 1.05 | 0 | 基本稳定 |
| | B次级滑带 | 工况Ⅰ（天然工况） | 1.151 | 1.1 | 0 | 稳定 |
| | | 工况Ⅱ（暴雨工况） | 1.025 | 1.05 | 371.67 | 欠稳定 |
| | | 工况Ⅲ（地震工况） | 1.123 | 1.05 | 0 | 基本稳定 |

7. 滑坡稳定性评价

按照现行行业标准《滑坡防治工程勘查规范》（DZ/T 0218—2006）对滑坡稳定性评价的分级标准，当滑坡稳定性系数 $K \geqslant 1.15$ 时，滑坡处于稳定状态；当 $1.05 \leqslant K < 1.15$ 时，滑坡处于基本稳定状态；当 $1.00 \leqslant K < 1.05$ 时，滑坡处于欠稳定状态；而当 $K < 1.00$ 时，滑坡处于不稳定状态。通过计算，按照以上的评价原则，项目区滑坡稳定性分析评价结果见表1.16。

稳定性计算结果表明：该滑坡属于牵引式滑坡，前缘牵引区在暴雨工况下均处于不稳定状态，且稳定性较差，其余工况处于欠稳定~基本稳定状态；滑坡整体在暴雨工况下均处于欠稳定状态，在其余各工况下处于基本稳定~稳定状态。稳定性分析表明，该滑坡牵引破坏十分明显，且特征突出。

综上所述，稳定性计算结果与现场调查的结论基本一致，3条剖面在饱和状态下处于强变形阶段，稳定性系数相对较低，推力较大。计算结果与实际情况基本相符，说明参数取值是基本合理的。整个滑坡区域存在整体滑动的可能性。

8. 项目区滑坡发展趋势分析

根据现场调查，滑坡前缘已发生滑移变形，滑坡后缘牵引影响区目前变形较明显，后缘张拉裂缝发育，且斜坡较陡，在降雨作用下易发生滑动；前缘发生垮塌，局部斜坡下错，后缘右侧张拉裂缝发育并发生下错。目前，该滑坡处于蠕滑变形阶段，整体处于基本稳定～欠稳定状态。

采用综合野外与室内分析的潜在滑面来分析计算，稳定性计算采用折线形滑动面计算公式，剩余下滑力计算按传递系数法计算，稳定性计算结果与现场调查滑坡区的变形情况基本吻合。

根据稳定性分析，目前整个项目区滑坡的前部已经滑移变形，后缘拉张裂缝有进一步变大加深的变化趋势，将产生向前滑移变形的破坏，加之滑坡体上裂缝发育，有利于大气降雨的入渗。若遇持续降雨，在未加治理的情况下，再次发生滑坡失稳变形的可能性较大。

### 1.3.3.4　治理工程方案设计

1. 治理工程设计思想

根据本次勘查工作，通过对项目区滑坡的规模、诱发因素、稳定性评价、威胁对象和危害程度等问题的分析，对滑坡提出"抗滑桩治理工程"的治理方案。

2. 工程布置

根据稳定性与推力计算分析，考虑场地特征和施工条件要求，于滑坡前缘设抗滑桩进行支挡（图 1.42、图 1.43）。本级支挡以各剖面前缘剩余推力作为设计依据，综合考虑推力情况和滑面埋深情况共设 3 种桩型：A 型抗滑桩，共 18 根，间距 5.0 m，桩身采用 C30 混凝土浇筑，截面尺寸为 1.5 m×2.0 m，桩长 20.0 m，悬臂段长 10.0 m，锚固段长 10.0 m；B 型抗滑桩，共 12 根，间距 5.0 m，桩身采用 C30 混凝土浇筑，截面尺寸为 1.2 m×1.5 m，桩长 17.0 m，悬臂段长 9.0 m，锚固段长 8.0 m；C 型抗滑桩，共 14 根，间距 5.0 m，桩身采用 C30 混凝土浇筑，截面尺寸为 1.5 m×2.0 m，桩长 20.0 m，悬臂段长 10.0 m，锚固段长 10.0 m。

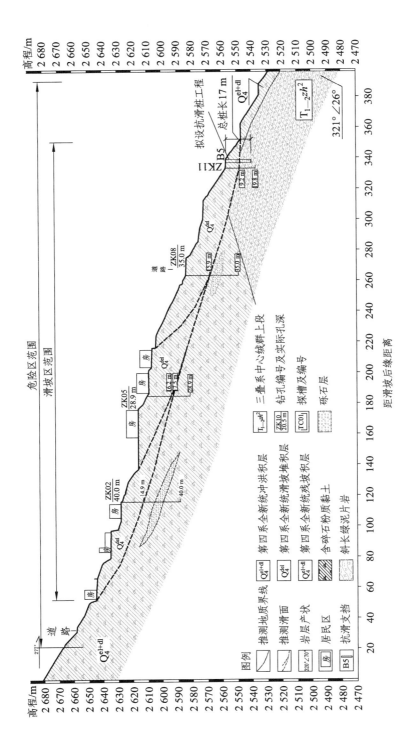

图 1.42 抗滑桩剖面布置图

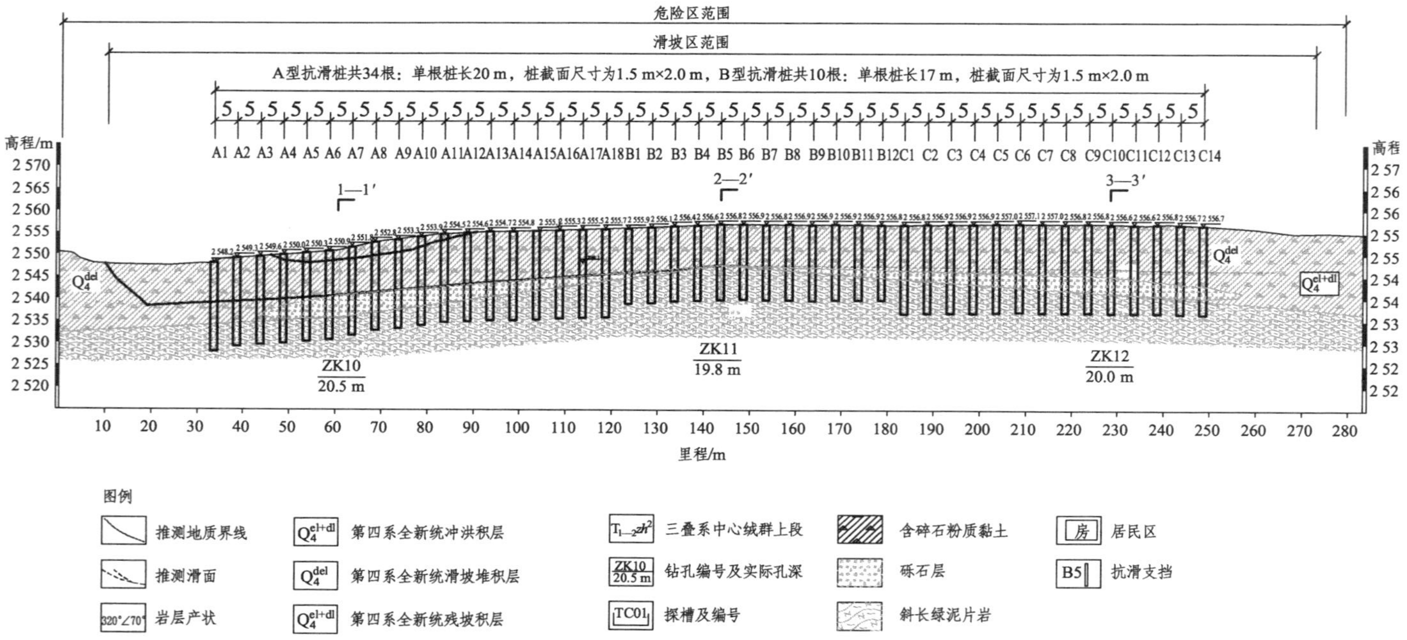

图 1.43 抗滑桩横剖面布置图

3. 结构设计

（1）设计条件及设计荷载。

设计荷载为桩后滑体的下滑推力。A 型桩设桩处滑体的剩余下滑力为 250.23 kN/m，B 型桩设桩处剩余下滑力为 245.02 kN/m，C 型桩设桩处剩余下滑力为 371.67 kN/m。

（2）工程结构设计。

本工程抗滑桩设计采用理正抗滑桩设计软件，A、C 型桩按 $m$ 法进行计算，B 型桩按 $K$ 法计算，滑坡推力按矩形分布计算，内力计算统计结果见表 1.17。

表 1.17  抗滑桩内力计算结果一览

| 桩型 | 桩长/m | 嵌固深度/m | 设计推力/（kN/m） | 断面尺寸/（m×m） | 最大弯矩/（kN·m） | 最大剪力/kN | 最大位移/mm |
|------|--------|------------|-------------------|------------------|-------------------|-------------|-------------|
| A | 20 | 10.0 | 250.23 | 1.5×2.0 | 9925.933 | 2024.817 | 41 |
| B | 17 | 8.0 | 245.02 | 1.2×1.5 | 7755.883 | 1741.831 | 88 |
| C | 20 | 10.0 | 371.67 | 1.5×2.0 | 14740.742 | 3007.002 | 61 |

在对抗滑桩内力分析的基础上，按矩形截面受弯构件双向不对称配筋进行结构设计，桩混凝土设计强度为 C30，抗滑桩配筋见设计图册中的结构图（图 1.44、图 1.45）。采用人工挖孔，孔口必须用 C20 钢筋混凝土作锁口盘，每开挖 1.2 m 用 C20 混凝土作护壁，桩芯用 C30 钢筋混凝土现浇。抗滑桩采用人工挖孔桩，挖桩孔不能一次全部开挖以防止引起滑坡失稳，采用跳越法施工。

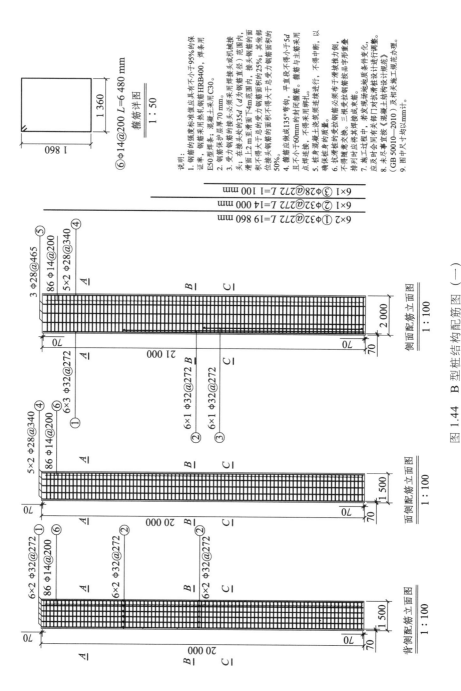

说明：
1. 钢筋的强度标准值应具有不小于95%的保证率，钢筋采用热轧钢筋HRB400，焊条采用E50型焊条；混凝土采用C30。
2. 钢筋保护层厚70 mm。
3. 受力钢筋的接头应采用焊接或机械接头；在接头处的35d（d为钢筋直径）范围内，滑面上2 m至净面下4m泥面以内，接头钢筋的面积不得大于总的受力钢筋面积的25%；其他地段受力钢筋的接头面积不得大于总受力钢筋面积的50%。
4. 箍筋应做成135°弯钩，平直段不得小于5d且不小于60mm的封闭箍筋。箍筋与主筋采用点焊连接，不得未焊，不得未用绑扎。
5. 桩身混凝土流须连续进行，不得中断，以确保桩身的质量。
6. 抗滑桩的受拉钢筋必须布于滑楔范力侧，不得随意交换。三根受拉钢筋按品字形搭接排列时应将其焊接成或束筋。
7. 施工过程中，若发现场地地质条件变化，应及时会同有关部门对抗滑桩设计结构进行调整。
8. 未尽事宜按《混凝土结构工程施工规范》（GB 50010—2010）及相关工程设计规范。
9. 图中尺寸均以mm计。

6×2 ①Φ32@272 L=19 860 mm
6×1 ②Φ32@272 L=14 000 mm
6×1 ③Φ28@272 L=1 100 mm

图 1.44 B 型桩结构配筋图（一）

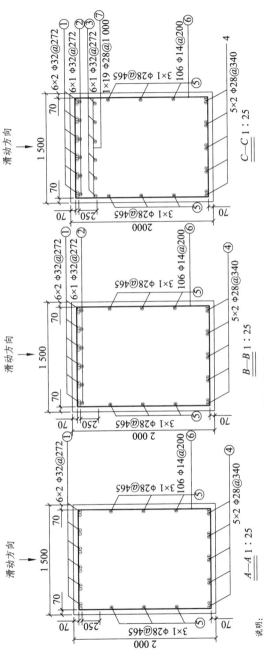

单根桩钢筋数量表

| 编号 | 级别 | 直径/m | 根数 | 单根长度/m | 总长/m | 每米质量/kg | 总质量/kg |
|------|------|--------|------|-----------|--------|-----------|-----------|
| ① | HRB400级 | 32 | 12 | 19.86 | 238.32 | 6.31 | 1 503.80 |
| ② | HRB400级 | 32 | 6 | 14 | 84 | 6.31 | 530.04 |
| ③ | HRB400级 | 28 | 6 | 11 | 66 | 4.83 | 318.78 |
| ④ | HRB400级 | 28 | 10 | 19.86 | 198.6 | 4.83 | 959.24 |
| ⑤ | HRB400级 | 28 | 6 | 19.86 | 119.16 | 4.83 | 575.54 |
| ⑥ | HRB400级 | 14 | 101 | 6.48 | 654.48 | 1.21 | 791.92 |
| ⑦ | HRB400级 | 28 | 22 | 1.4 | 30.8 | 4.83 | 148.76 |
| 合计 | | | | | | | |
| 钢筋: | 4 825.08 kg | | | | C30混凝土: 60 m³ | | |

说明:
1. 钢筋的强度标准值具有不小于95%的保证率,钢采用热轧钢筋HRB400,混凝土上采用C30。
2. 钢筋保护层厚: 70 mm。
3. 受力钢筋的接头必须采用焊接头或机械接头; 在接头处的35d (d为钢筋直径) 范围内,其他部位接头不得用焊接头。接头钢筋的面积不得大于总受力钢筋面积的25%,其他部位应采用焊接头。平直段不得小于5d且不小于60 mm的封闭箍筋与主筋用点焊连接,不得采用绑扎。
4. 箍筋应做成135°弯钩,平直段不得采用绑扎。
5. 桩身混凝土浇筑须一次连续进行,不得中断,以确保桩身的质量。
6. 受力混凝土受拉钢筋必须布于滑坡推力侧,不得随意调换。三根受拉钢筋按品字形重叠排列时应将其焊接成束筋。
7. 抗滑桩施工过程中,若发现场地地质条件变化,应及时会同有关部门进行调整。
8. 本桩设计按《混凝土结构设计规范》 (GB 50010—2002) 及相关施工规范办理。
9. 图中尺寸均以mm计。

图 1.45  B 型桩结构配筋图 (二)

B 型抗滑桩

抗滑动桩验算

计算项目：抗滑桩 B

------------------------------------------------------------

原始条件（图 1.46）：

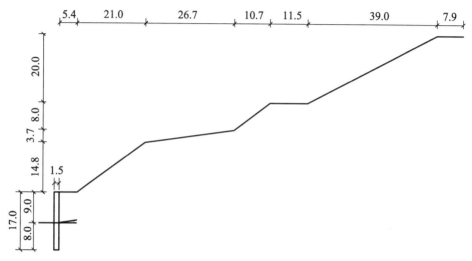

图 1.46　B 型抗滑桩验算原始条件（单位：m）

墙身尺寸：

　　桩总长：17.000（m）

　　嵌入深度：8.000（m）

　　截面形状：方桩

　　桩宽：1.200（m）

　　桩高：1.500（m）

　　桩间距：5.000（m）

　　嵌入段土层数：1

　　桩底支承条件：铰接

　　计算方法：K 法

|  土层序号 | 土层厚（m） | 重度（kN/m³） | 内摩擦角（°） |
|---|---|---|---|
| 土摩阻力（kPa） | K（MN/m³） | 被动土压力调整系数 | |
| 1 | 50.000 | 19.600 | 21.87 |
| 160.00 | 20.000 | 1.000 | |

桩前滑动土层厚：10.000（m）

物理参数：

桩混凝土强度等级：C30

桩纵筋合力点到外皮距离：50（mm）

桩纵筋级别：HRB400

桩箍筋级别：HRB335

桩箍筋间距：200（mm）

场地环境：一般地区

墙后填土内摩擦角：19.800（°）

墙背与墙后填土摩擦角：19.000（°）

墙后填土容重：19.000（kN/m³）

横坡角以上填土的土摩阻力（kPa）：120.00

横坡角以下填土的土摩阻力（kPa）：120.00

坡线与滑坡推力：

坡面线段数：7

| 折线序号 | 水平投影长（m） | 竖向投影长（m） |
|---|---|---|
| 1 | 5.400 | 0.000 |
| 2 | 21.000 | 14.800 |
| 3 | 26.700 | 3.700 |
| 4 | 10.700 | 8.000 |
| 5 | 11.450 | 0.000 |
| 6 | 39.000 | 20.000 |
| 7 | 7.900 | 0.000 |

地面横坡角度：8.000（°）

墙顶标高：0.000（m）

| 参数名称 | 参数值 |
|---|---|
| 推力分布类型 | 矩形 |
| 桩后剩余下滑力水平分力 | 245.020（kN/m） |

桩前剩余抗滑力水平分力　　　0.000（kN/m）

采用土压力计算时考虑了桩前覆土产生的被动土压力

覆土重度（kN/m³）：　19.400

覆土内摩擦角（°）：　21.870

覆土黏聚力（kPa）：　17.250

覆土被动土压力调整系数：0.300

钢筋混凝土配筋计算依据：《混凝土结构设计规范》（GB 50010—2010）

注意：内力计算时，滑坡推力、库仓土压力分项（安全）系数=1.200

==================================================================

第 1 种情况：滑坡推力作用情况

[桩身所受推力计算]

假定荷载矩形分布：

桩后：上部=136.122（kN/m）　　下部=136.122（kN/m）

桩前：上部=0.000（kN/m）　　下部=0.000（kN/m）

桩前分布长度=9.000（m）

（一）桩身内力计算

计算方法：$K$ 法

背侧——为挡土侧；面侧——为非挡土侧。

背侧最大弯矩 = 7755.883（kN·m）距离桩顶 10.739（m）

面侧最大弯矩 = 0.000（kN·m）　　距离桩顶 0.000（m）

最大　剪　力 = 1741.831（kN）　　距离桩顶 16.652（m）

最大　位　移 = 88（mm）

| 点号 | 距顶距离（m） | 弯矩（kN·m） | 剪力（kN） | 位移（mm） | 土反力（kPa） |
|---|---|---|---|---|---|
| 1 | -0.000 | 0.000 | 0.000 | -88.17 | -0.000 |
| 2 | 0.346 | 9.786 | -56.543 | -85.54 | -0.000 |
| 3 | 0.692 | 39.145 | -113.086 | -82.91 | -0.000 |
| 4 | 1.038 | 88.077 | -169.629 | -80.29 | -0.000 |
| 5 | 1.385 | 156.581 | -226.172 | -77.66 | -0.000 |
| 6 | 1.731 | 244.658 | -282.715 | -75.03 | -0.000 |
| 7 | 2.077 | 352.307 | -339.258 | -72.41 | -0.000 |

| | | | | |
|---|---|---|---|---|
| 8 | 2.423 | 479.529 | -395.802 | -69.80 | -0.000 |
| 9 | 2.769 | 626.323 | -452.345 | -67.18 | -0.000 |
| 10 | 3.115 | 792.690 | -508.888 | -64.58 | -0.000 |
| 11 | 3.462 | 978.630 | -565.431 | -61.99 | -0.000 |
| 12 | 3.808 | 1184.143 | -621.974 | -59.40 | -0.000 |
| 13 | 4.154 | 1409.228 | -678.517 | -56.83 | -0.000 |
| 14 | 4.500 | 1653.885 | -735.060 | -54.28 | -0.000 |
| 15 | 4.846 | 1918.115 | -791.603 | -51.75 | -0.000 |
| 16 | 5.192 | 2201.918 | -848.146 | -49.24 | -0.000 |
| 17 | 5.538 | 2505.293 | -904.689 | -46.75 | -0.000 |
| 18 | 5.885 | 2828.241 | -961.232 | -44.30 | -0.000 |
| 19 | 6.231 | 3170.762 | -1017.775 | -41.88 | -0.000 |
| 20 | 6.577 | 3532.855 | -1074.319 | -39.50 | -0.000 |
| 21 | 6.923 | 3914.521 | -1130.862 | -37.15 | -0.000 |
| 22 | 7.269 | 4315.759 | -1187.405 | -34.86 | -0.000 |
| 23 | 7.615 | 4736.571 | -1243.948 | -32.61 | -0.000 |
| 24 | 7.962 | 5176.954 | -1300.491 | -30.43 | -0.000 |
| 25 | 8.308 | 5636.910 | -1357.034 | -28.30 | -0.000 |
| 26 | 8.654 | 6116.439 | -1413.577 | -26.24 | -0.000 |
| 27 | 9.000 | 6615.540 | -1470.120 | -24.25 | -243.112 |
| 28 | 9.348 | 7062.334 | -1113.628 | -22.33 | -446.686 |
| 29 | 9.696 | 7390.238 | -785.852 | -20.50 | -410.002 |
| 30 | 10.043 | 7609.014 | -485.473 | -18.75 | -375.078 |
| 31 | 10.391 | 7727.958 | -211.125 | -17.10 | -341.970 |
| 32 | 10.739 | 7755.883 | 38.594 | -15.54 | -310.704 |
| 33 | 11.087 | 7701.110 | 265.096 | -14.06 | -281.289 |
| 34 | 11.435 | 7571.469 | 469.792 | -12.69 | -253.711 |
| 35 | 11.783 | 7374.299 | 654.075 | -11.40 | -227.940 |
| 36 | 12.130 | 7116.460 | 819.311 | -10.20 | -203.928 |
| 37 | 12.478 | 6804.343 | 966.824 | -9.08 | -181.615 |
| 38 | 12.826 | 6443.887 | 1097.884 | -8.05 | -160.927 |
| 39 | 13.174 | 6040.598 | 1213.700 | -7.09 | -141.777 |
| 40 | 13.522 | 5599.574 | 1315.415 | -6.20 | -124.068 |

| 41 | 13.870 | 5125.527 | 1404.090 | -5.38 | -107.697 |
|----|--------|----------|----------|-------|----------|
| 42 | 14.217 | 4622.816 | 1480.706 | -4.63 | -92.549 |
| 43 | 14.565 | 4095.470 | 1546.153 | -3.93 | -78.505 |
| 44 | 14.913 | 3547.230 | 1601.227 | -3.27 | -65.439 |
| 45 | 15.261 | 2981.573 | 1646.627 | -2.66 | -53.220 |
| 46 | 15.609 | 2401.750 | 1682.949 | -2.09 | -41.713 |
| 47 | 15.957 | 1810.826 | 1710.686 | -1.54 | -30.780 |
| 48 | 16.304 | 1211.708 | 1730.221 | -1.01 | -20.278 |
| 49 | 16.652 | 607.194 | 1741.831 | -0.50 | -10.067 |
| 50 | 17.000 | 0.000 | 872.841 | -0.00 | -0.000 |

（二）桩身配筋计算

| 点号 | 距顶距离<br>（m） | 面侧纵筋<br>（mm²） | 背侧纵筋<br>（mm²） | 箍筋<br>（mm²） |
|------|------------------|--------------------|--------------------|----------------|
| 1 | -0.000 | 3600 | 3600 | 275 |
| 2 | 0.346 | 3600 | 3600 | 275 |
| 3 | 0.692 | 3600 | 3600 | 275 |
| 4 | 1.038 | 3600 | 3600 | 275 |
| 5 | 1.385 | 3600 | 3600 | 275 |
| 6 | 1.731 | 3600 | 3600 | 275 |
| 7 | 2.077 | 3600 | 3600 | 275 |
| 8 | 2.423 | 3600 | 3600 | 275 |
| 9 | 2.769 | 3600 | 3600 | 275 |
| 10 | 3.115 | 3600 | 3600 | 275 |
| 11 | 3.462 | 3600 | 3600 | 275 |
| 12 | 3.808 | 3600 | 3600 | 275 |
| 13 | 4.154 | 3600 | 3600 | 275 |
| 14 | 4.500 | 3600 | 3600 | 275 |
| 15 | 4.846 | 3600 | 3799 | 275 |
| 16 | 5.192 | 3600 | 4346 | 275 |
| 17 | 5.538 | 3600 | 4936 | 275 |
| 18 | 5.885 | 3600 | 5570 | 275 |
| 19 | 6.231 | 3600 | 6249 | 275 |

| | | | | |
|---|---|---|---|---|
| 20 | 6.577 | 3600 | 6974 | 275 |
| 21 | 6.923 | 3600 | 7748 | 275 |
| 22 | 7.269 | 3600 | 8571 | 275 |
| 23 | 7.615 | 3600 | 9445 | 275 |
| 24 | 7.962 | 3600 | 10374 | 275 |
| 25 | 8.308 | 3600 | 11358 | 275 |
| 26 | 8.654 | 3600 | 12402 | 275 |
| 27 | 9.000 | 3600 | 13508 | 275 |
| 28 | 9.348 | 3600 | 14515 | 275 |
| 29 | 9.696 | 3600 | 15266 | 275 |
| 30 | 10.043 | 3600 | 15773 | 275 |
| 31 | 10.391 | 3600 | 16050 | 275 |
| 32 | 10.739 | 3600 | 16115 | 275 |
| 33 | 11.087 | 3600 | 15987 | 275 |
| 34 | 11.435 | 3600 | 15685 | 275 |
| 35 | 11.783 | 3600 | 15230 | 275 |
| 36 | 12.130 | 3600 | 14639 | 275 |
| 37 | 12.478 | 3600 | 13931 | 275 |
| 38 | 12.826 | 3600 | 13125 | 275 |
| 39 | 13.174 | 3600 | 12236 | 275 |
| 40 | 13.522 | 3600 | 11278 | 275 |
| 41 | 13.870 | 3600 | 10264 | 275 |
| 42 | 14.217 | 3600 | 9208 | 275 |
| 43 | 14.565 | 3600 | 8117 | 275 |
| 44 | 14.913 | 3600 | 7003 | 275 |
| 45 | 15.261 | 3600 | 5873 | 275 |
| 46 | 15.609 | 3600 | 4735 | 275 |
| 47 | 15.957 | 3600 | 3600 | 275 |
| 48 | 16.304 | 3600 | 3600 | 275 |
| 49 | 16.652 | 3600 | 3600 | 275 |
| 50 | 17.000 | 3600 | 3600 | 275 |

===========================================================

第 2 种情况：库仑土压力（一般情况）

[土压力计算] 计算高度为 9.000（m）处的库仑主动土压力

第 1 破裂角：65.944（°）

Ea=1028.079 Ex=972.068 Ey=334.710（kN） 作用点高度 Zy=2.503（m）

（一）桩身内力计算

计算方法：K 法

背侧——为挡土侧；面侧——为非挡土侧。

背侧最大弯矩 = 6248.423（kN·m） 距离桩顶 11.435（m）

面侧最大弯矩 = 0.000（kN·m） 距离桩顶 0.000（m）

最大 剪 力 = 2038.562（kN） 距离桩顶 9.000（m）

最大 位 移 = 78（mm）

| 点号 | 距顶距离（m） | 弯矩（kN·m） | 剪力（kN） | 位移（mm） | 土反力（kPa） |
|---|---|---|---|---|---|
| 1 | -0.000 | 0.000 | 0.000 | -78.03 | -0.000 |
| 2 | 0.346 | 0.000 | 0.000 | -75.98 | -0.000 |
| 3 | 0.692 | 0.000 | 0.000 | -73.94 | -0.000 |
| 4 | 1.038 | 0.000 | 0.000 | -71.89 | -0.000 |
| 5 | 1.385 | 0.000 | 0.000 | -69.84 | -0.000 |
| 6 | 1.731 | 0.000 | 0.000 | -67.79 | -0.000 |
| 7 | 2.077 | 0.000 | 0.000 | -65.75 | -0.000 |
| 8 | 2.423 | 0.952 | -8.253 | -63.70 | -0.000 |
| 9 | 2.769 | 6.916 | -26.924 | -61.65 | -0.000 |
| 10 | 3.115 | 20.091 | -49.922 | -59.60 | -0.000 |
| 11 | 3.462 | 41.977 | -77.248 | -57.56 | -0.000 |
| 12 | 3.808 | 74.070 | -108.902 | -55.51 | -0.000 |
| 13 | 4.154 | 117.870 | -144.883 | -53.47 | -0.000 |
| 14 | 4.500 | 174.873 | -185.191 | -51.42 | -0.000 |
| 15 | 4.846 | 246.578 | -229.827 | -49.38 | -0.000 |
| 16 | 5.192 | 334.484 | -278.791 | -47.34 | -0.000 |
| 17 | 5.538 | 442.416 | -352.271 | -45.31 | -0.000 |
| 18 | 5.885 | 580.897 | -447.705 | -43.28 | -0.000 |

| | | | | |
|---|---|---|---|---|
| 19 | 6.231 | 752.274 | -542.342 | -41.25 | -0.000 |
| 20 | 6.577 | 956.272 | -636.182 | -39.24 | -0.000 |
| 21 | 6.923 | 1192.615 | -729.225 | -37.24 | -0.000 |
| 22 | 7.269 | 1470.527 | -903.797 | -35.25 | -0.000 |
| 23 | 7.615 | 1827.663 | -1159.325 | -33.28 | -0.000 |
| 24 | 7.962 | 2272.912 | -1412.902 | -31.33 | -0.000 |
| 25 | 8.308 | 2805.600 | -1664.531 | -29.41 | -0.000 |
| 26 | 8.654 | 3425.055 | -1914.210 | -27.52 | -0.000 |
| 27 | 9.000 | 4116.361 | -2038.562 | -25.67 | -257.309 |
| 28 | 9.348 | 4757.105 | -1659.552 | -23.86 | -477.214 |
| 29 | 9.696 | 5270.833 | -1307.785 | -22.11 | -442.179 |
| 30 | 10.043 | 5666.868 | -982.347 | -20.42 | -408.399 |
| 31 | 10.391 | 5954.204 | -682.241 | -18.80 | -375.969 |
| 32 | 10.739 | 6141.470 | -406.407 | -17.25 | -344.958 |
| 33 | 11.087 | 6236.922 | -153.744 | -15.77 | -315.411 |
| 34 | 11.435 | 6248.423 | 76.879 | -14.37 | -287.352 |
| 35 | 11.783 | 6183.441 | 286.599 | -13.04 | -260.782 |
| 36 | 12.130 | 6049.049 | 476.553 | -11.78 | -235.688 |
| 37 | 12.478 | 5851.926 | 647.856 | -10.60 | -212.036 |
| 38 | 12.826 | 5598.367 | 801.594 | -9.49 | -189.781 |
| 39 | 13.174 | 5294.295 | 938.814 | -8.44 | -168.861 |
| 40 | 13.522 | 4945.279 | 1060.509 | -7.46 | -149.205 |
| 41 | 13.870 | 4556.550 | 1167.615 | -6.54 | -130.730 |
| 42 | 14.217 | 4133.025 | 1260.999 | -5.67 | -113.342 |
| 43 | 14.565 | 3679.333 | 1341.454 | -4.85 | -96.940 |
| 44 | 14.913 | 3199.839 | 1409.695 | -4.07 | -81.416 |
| 45 | 15.261 | 2698.675 | 1466.349 | -3.33 | -66.657 |
| 46 | 15.609 | 2179.770 | 1511.955 | -2.63 | -52.541 |
| 47 | 15.957 | 1646.880 | 1546.959 | -1.95 | -38.946 |
| 48 | 16.304 | 1103.625 | 1571.711 | -1.29 | -25.745 |
| 49 | 16.652 | 553.517 | 1586.461 | -0.64 | -12.806 |
| 50 | 17.000 | 0.000 | 795.680 | -0.00 | -0.000 |

（二）桩身配筋计算

| 点号 | 距顶距离（m） | 面侧纵筋（mm²） | 背侧纵筋（mm²） | 箍筋（mm²） |
|---|---|---|---|---|
| 1 | -0.000 | 3600 | 3600 | 275 |
| 2 | 0.346 | 3600 | 3600 | 275 |
| 3 | 0.692 | 3600 | 3600 | 275 |
| 4 | 1.038 | 3600 | 3600 | 275 |
| 5 | 1.385 | 3600 | 3600 | 275 |
| 6 | 1.731 | 3600 | 3600 | 275 |
| 7 | 2.077 | 3600 | 3600 | 275 |
| 8 | 2.423 | 3600 | 3600 | 275 |
| 9 | 2.769 | 3600 | 3600 | 275 |
| 10 | 3.115 | 3600 | 3600 | 275 |
| 11 | 3.462 | 3600 | 3600 | 275 |
| 12 | 3.808 | 3600 | 3600 | 275 |
| 13 | 4.154 | 3600 | 3600 | 275 |
| 14 | 4.500 | 3600 | 3600 | 275 |
| 15 | 4.846 | 3600 | 3600 | 275 |
| 16 | 5.192 | 3600 | 3600 | 275 |
| 17 | 5.538 | 3600 | 3600 | 275 |
| 18 | 5.885 | 3600 | 3600 | 275 |
| 19 | 6.231 | 3600 | 3600 | 275 |
| 20 | 6.577 | 3600 | 3600 | 275 |
| 21 | 6.923 | 3600 | 3600 | 275 |
| 22 | 7.269 | 3600 | 3600 | 275 |
| 23 | 7.615 | 3600 | 3625 | 275 |
| 24 | 7.962 | 3600 | 4484 | 275 |
| 25 | 8.308 | 3600 | 5526 | 275 |
| 26 | 8.654 | 3600 | 6758 | 275 |
| 27 | 9.000 | 3600 | 8160 | 275 |
| 28 | 9.348 | 3600 | 9488 | 275 |
| 29 | 9.696 | 3600 | 10573 | 275 |

| 30 | 10.043 | 3600 | 11423 | 275 |
| 31 | 10.391 | 3600 | 12047 | 275 |
| 32 | 10.739 | 3600 | 12457 | 275 |
| 33 | 11.087 | 3600 | 12667 | 275 |
| 34 | 11.435 | 3600 | 12692 | 275 |
| 35 | 11.783 | 3600 | 12549 | 275 |
| 36 | 12.130 | 3600 | 12254 | 275 |
| 37 | 12.478 | 3600 | 11824 | 275 |
| 38 | 12.826 | 3600 | 11275 | 275 |
| 39 | 13.174 | 3600 | 10623 | 275 |
| 40 | 13.522 | 3600 | 9883 | 275 |
| 41 | 13.870 | 3600 | 9070 | 275 |
| 42 | 14.217 | 3600 | 8195 | 275 |
| 43 | 14.565 | 3600 | 7270 | 275 |
| 44 | 14.913 | 3600 | 6307 | 275 |
| 45 | 15.261 | 3600 | 5315 | 275 |
| 46 | 15.609 | 3600 | 4304 | 275 |
| 47 | 15.957 | 3600 | 3600 | 275 |
| 48 | 16.304 | 3600 | 3600 | 275 |
| 49 | 16.652 | 3600 | 3600 | 275 |
| 50 | 17.000 | 3600 | 3600 | 275 |

由于项目区滑坡地形坡度较大，根据稳定性计算表，剩余下滑力较大，方案二采用钢筋混凝土格构+锚索工程，增强滑坡抗滑力与坡体整体结构性，以达到使滑坡稳定的治理目标（图 1.47）。

锚索采用动态设计，按照信息法施工，受构造、风化等作用，滑床面起伏，锚索直径、长度等按滑面计算确定，施工时加强地质编录以反馈设计。

滑坡前缘布置钢筋混凝土格构，方形布置，间距 4 m，截面尺寸为 400 mm × 300 mm，节点处布置锚索。锚索最优锚固角为 25°；1—1′剖面设计锚固力 250.23 kN/m，采用 3$\phi$15.20 锚索，锚固段长度为 14 m；2—2′剖面设计锚固力 245.02 kN/m，采用 3$\phi$15.20 锚索，锚固段长度为 14 m；3—3′剖面设计锚固力 371.67 kN/m，采用 4$\phi$15.20 锚索，锚固段长度为 20 m；锚索内锚固段长度为 6 m，采用 OVM15-6 型锚具，锚垫板尺寸为 200 mm × 180 mm × 140 mm，锚板尺寸为 135 mm × 60 mm，波纹管为 77 mm × 70 mm。

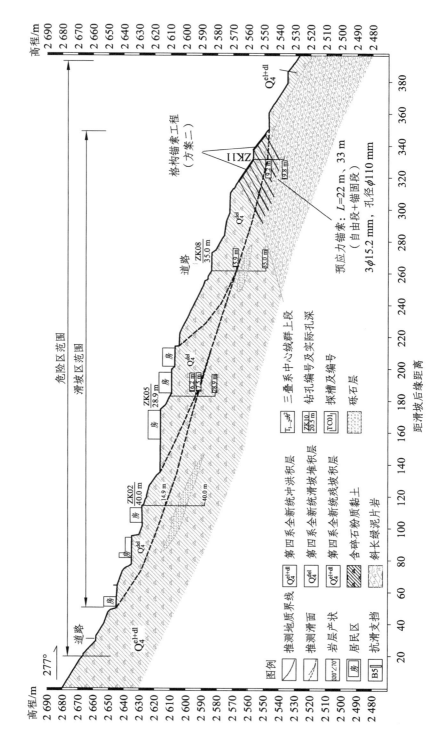

图 1.47 抗滑桩剖面布置图

4. 格构锚索

格构提供的弯矩：

$$M = f_y A_{s1} \gamma_s h_0 + f_y' A_{s1}' (h_0 - a')$$

若 $M>KM_{max}$，则格构强度满足设计要求。

式中：$M_{max}$——格构承受的弯矩设计值（N·mm）；

$K$——安全系数，取值为 1.5；

$f_y$、$f_y'$——钢筋抗拉、抗压强度（N/mm²）；

$A_{s1}$、$A_{s1}'$——受拉钢筋、受压钢筋截面面积（mm²）；

$\gamma_s$——受拉区混凝土塑性影响系数；

$h_0$——截面有效高度（mm）；

$a'$——纵向受压钢筋合力砂浆保护层厚度（mm）。

钢筋混凝土格构梁断面尺寸为 30 cm×40 cm，间距 4 m，方形布置；格构采用 C25 钢筋混凝土现场浇筑，格构梁嵌入岩土体 20 cm，清坡厚度为 40～50 cm，如遇松散土层采用 C10 混凝土换填。

5. 锚索设计

（1）锚索倾角计算。

$$\theta = \alpha - (45°+\varphi/2)$$

式中：$\theta$——锚索倾角（°）；

$\alpha$——滑面倾角（°）；

$\varphi$——滑面内摩擦角（°）。

滑面倾角取 15°，滑面内摩擦角取 10.5°，经过计算，锚索最优锚固角为 35°。

（2）锚固力设计。

$$T = P/\cos\theta$$

式中：$T$——设计锚固力（kN/m）；

$\alpha$——滑坡推力（kN/m）；

$\theta$——锚索倾角（°）。

（3）内锚固段长度设计。

① 按锚索体从胶结体中拔出时，计算锚固长度（m）：

$$L_{m1} = KT/\mu\pi dC_1$$

② 按胶结体从锚索体中拔出时，计算锚固长度（m）：

$$L_{m1}=KT/\pi DC_2$$

式中：$T$——设计锚固力（kN）；

　　　$K$——安全系数，取 $2.0\sim4.0$；

　　　$n$——钢绞线根数；

　　　$d$——钢绞线直径（mm）；

　　　$D$——孔径（mm）；

　　　$C_1$——砂浆与钢绞线允许黏结强度（MPa）；

　　　$C_2$——砂浆与岩石黏结系数（MPa），为砂浆黏结强度除以安全系数 $1.75\sim3.0$。

　　锚索设计计算过程见表 1.18。

表 1.18　锚索设计计算

| 计算步骤 | 1—1′剖面 | 2—2′剖面 | 3—3′剖面 |
|---|---|---|---|
| 一、锚索设计锚固力计算 | | | |
| 滑坡推力设计值 $F$/kN | 250.230 | 245.020 | 371.670 |
| 锚索与滑动面相交处滑动面倾角 $\alpha$/（°） | 50 | 50 | 50 |
| 锚索与水平面的夹角 $\beta$/（°） | 25 | 25 | 25 |
| 滑动面内摩擦角 $\varphi$/（°） | 15.98 | 15.98 | 15.98 |
| 设计锚固力 $P_t$/kN | 467.345 | 457.614 | 694.154 |
| 二、单孔锚索钢绞线根数计算 | | | |
| 安全系数 $F_{sl}$ | 2 | 2 | 2 |
| 钢绞线设计承载力标准值 $P_u$/kN | 450 | 450 | 450 |
| 计算钢绞线数 $n$ | 2.077 | 2.034 | 3.085 |
| 配 $\phi15.24$ mm 钢绞线数 | 3 | 3 | 4 |
| 三、锚索间距确定 | | | |
| 间距/m | 4 | 4 | 4 |

| 计算步骤 | 1—1' 剖面 | 2—2' 剖面 | 3—3' 剖面 |
|---|---|---|---|
| 四、锚固段长度计算 | | | |
| 锚固体拉拔安全系数 $F_{s2}$ | 3 | 3 | 3 |
| 张拉钢材外表直径 $d_s$/m | 0.030 | 0.030 | 0.030 |
| 单根张拉钢材直径 $d$/m | 0.015 | 0.015 | 0.015 |
| 锚固体直径 $d_h$/m | 0.11 | 0.11 | 0.11 |
| 锚索张拉钢材与水泥砂浆极限黏结应力 $\tau_u$/kPa | 2 070 | 2 070 | 2 070 |
| 锚孔壁对砂浆的极限剪应力 $\tau$/kPa | 1 300 | 1 300 | 1 300 |
| 计算锚固长度 $l_{sa1}$/m | 7.073 | 6.926 | 10.506 |
| 计算锚固长度 $l_{sa2}$/m | 3.537 | 3.463 | 5.253 |
| 计算锚固长度 $l_{sa3}$/m | 3.121 | 3.056 | 4.635 |
| 配锚固段长度/m | 14 | 14 | 20 |
| 五、自由段长度设计 | | | |
| 配自由段长度/m | 5 | 7 | 11 |
| 六、锚固体直径确定 | | | |
| 锚固体直径/mm | 110 | 110 | 110 |

预应力锚索详情如图 1.48～图 1.51 所示。

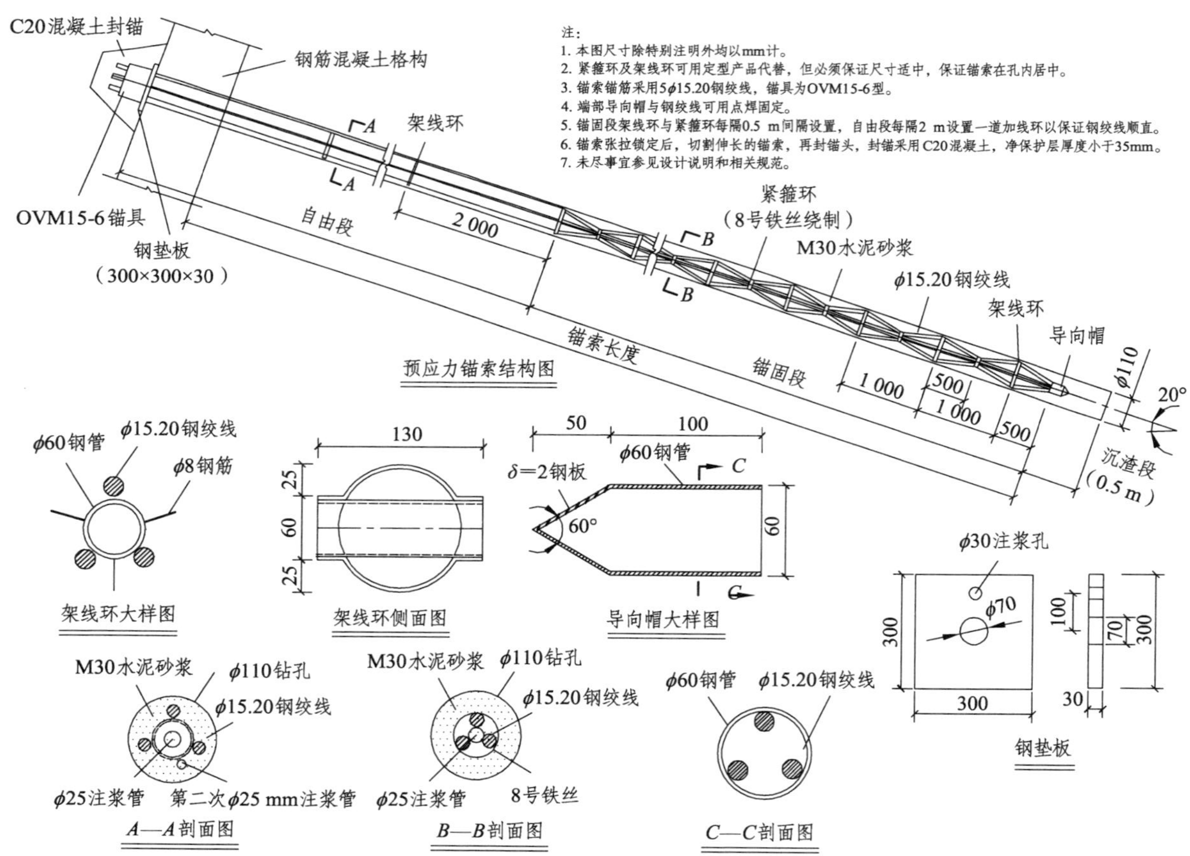


注：
1. 本图尺寸除特别注明外均以mm计。
2. 紧箍环及架线环可用定型产品代替，但必须保证尺寸适中，保证锚索在孔内居中。
3. 锚索锚筋采用5ϕ15.20钢绞线，锚具为OVM15-6型。
4. 端部导向帽与钢绞线可用点焊固定。
5. 锚固段架线环与紧箍环每隔0.5 m间隔设置，自由段每隔2 m设置一道加线环以保证钢绞线顺直。
6. 锚索张拉锁定后，切割伸长的锚索，再封锚头，封锚采用C20混凝土，净保护层厚度小于35mm。
7. 未尽事宜参见设计说明和相关规范。

图 1.48　预应力锚索结构图（一）

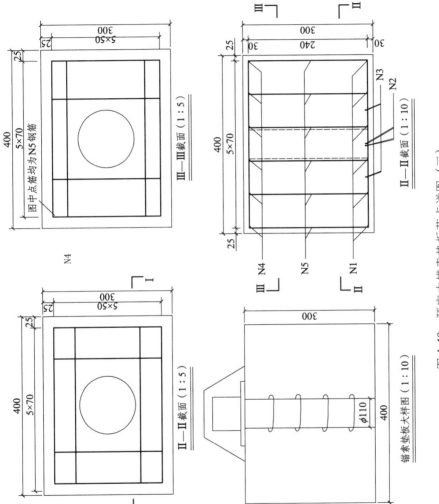

图 1.49　预应力锚索垫板节点详图（二）

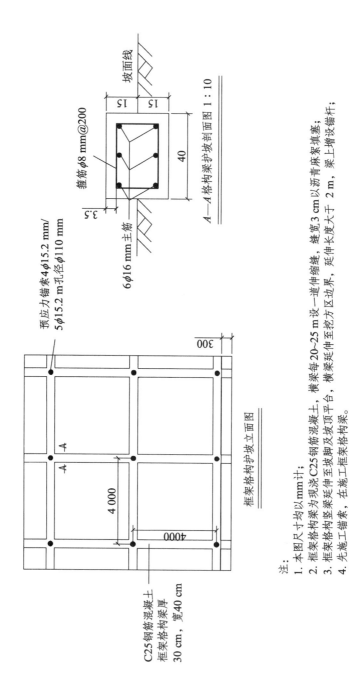

图 1.50 格构梁详图（二）

注：
1. 本图尺寸均以 mm 计；
2. 框架格构梁为现浇 C25 钢筋混凝土，横梁每 20~25 m 设一道伸缩缝，缝宽 3 cm 以沥青麻絮填塞；
3. 框架格构梁竖梁延伸至坡脚及坡顶平台，横梁延伸至挖方区边界，延伸长度大于 2 m，梁上增设锚杆；
4. 先施工锚索，再施工框架格构梁。

120

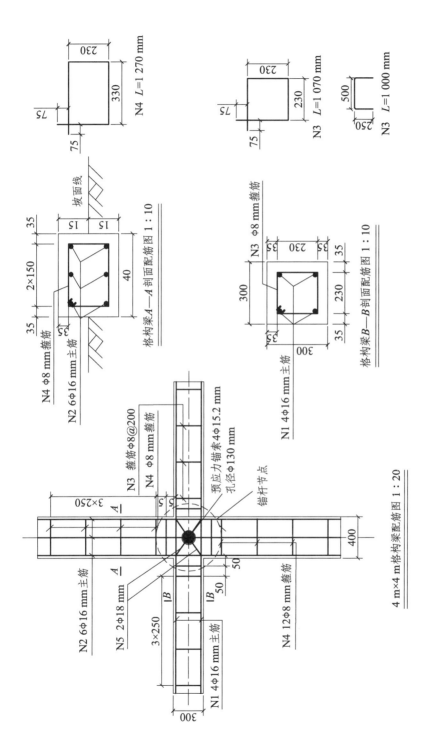

图 1.51　格构梁配筋详图（二）

# 2 崩 塌

## 2.1 崩塌组成要素

崩塌：陡坡或陡崖上的岩土体离开母体下落的自然现象，当其影响到人们的生命财产安全时，就成为最常见的一种自然灾害。

与崩塌相关联的概念包括：危岩（陡坡或陡崖上可能离开母体下落的地质物体）、基座（危岩的母体岩层或结构）、崩塌堆积体（崩塌后堆积在斜坡及坡脚的岩土固体颗粒物质）、孤石（崩积于斜坡上具有一定体量的单一岩块）、结构面（岩土体内的不连续地质界面）、软弱结构面（两壁较平滑、充填有一定厚度软弱物质且延伸较长的结构面）、卸荷带（自然地质作用或人为因素扰动使岩体应力释放而造成的具有一定宽度的岩土体松动带）。

崩塌方式包括：滑移式崩塌（危岩沿结构面滑移或沿软弱岩土体不利方向剪出塌落的现象）、倒塌式崩塌（危岩以垂直节理或裂隙与母体分开，以危岩底部的某一点为转点，发生转动性倾倒的现象）和垂直式崩塌（危岩下方悬空或支撑承载力不足以抵抗自重而以自由落体方式脱离母体的现象）。

崩塌防治工程等级：可根据崩塌灾害威胁对象及其重要性等因素，按表2.1进行划分。

表 2.1 崩塌防治工程等级

| 崩塌防治工程等级 | | 特级 | Ⅰ 级 | Ⅱ 级 | Ⅲ 级 |
|---|---|---|---|---|---|
| 威胁对象 | 威胁人数/人 | ≥5 000 | ≥500 且<5 000 | ≥10 且<500 | <100 |
| | 威胁设施的重要性 | 非常重要 | 重要 | 较重要 | 一般 |

注：表中只要满足1项即可按就高原则划为对应等级。

受崩塌威胁设施的重要性分类，按表2.2确定。

表 2.2　受崩塌威胁设施的重要性分类

| 重要性 | 设施类别 |
|---|---|
| 非常重要 | 放射性设施、核电站、大型地面油库、危险品生产仓储、政治设施、军事设施等 |
| 重要 | 城市和城镇重要建筑（含 30 层以上的高层建筑）、国家级风景名胜区、列入全国重点文物保护单位的寺庙、高等级公路、铁路、机场、学校、大型水利水电工程、电力工程、大型港口码头、大型矿山、油（气）管道和储油（气）库等 |
| 较重要 | 城市和城镇一般建筑、居民聚居区、省级风景名胜区、列入省级文物保护单位的寺庙、边境口岸、普通二级（含）以下公路、中型水利工程、电力工程、通信工程、港口码头、矿山、城市集中供水水源地等 |
| 一般 | 居民点、小型水利工程、电力工程、通信工程、港口码头、矿山、乡镇集中供水水源地、村道等 |

注：表中未列项目可根据有关技术标准和规定按大、中、小型分别确定其重要
　　性等级。大型为重要，中型为较重要，小型为一般。

崩塌分类：按其所涉及的岩性可分为岩质崩塌和土质崩塌，按破坏模式可分为滑移式崩塌、倾倒式崩塌和坠落式崩塌，见表 2.3。

表 2.3　崩塌的分类

| 破坏模式 | 主要岩性组合 | 崩塌方式 |
|---|---|---|
| 滑移式 | 多为软硬相间的岩层、黄土、黏土、坚硬岩层下伏软弱岩层 | 岩土体沿结构面滑移或沿软弱岩土体不利方向剪出塌落 |
| 倾倒式 | 多为黄土、直立或陡倾坡内的岩层 | 危岩转动倾倒塌落 |
| 坠落式 | 多为软硬相间的岩层 | 悬空、悬挑式岩（土）块拉断或剪断塌落 |

单块危岩块体按其体积可分为小型危岩、中型危岩、大型危岩和特大型危岩（表 2.4）。

表 2.4　危岩按体积分类

| 单块危岩体 $V/m^3$ | $V \leqslant 1\,000$ | $1\,000 < V \leqslant 10\,000$ | $10\,000 < V \leqslant 10 \times 10^4$ | $V > 10 \times 10^4$ |
|---|---|---|---|---|
| 危岩类型 | 小型危岩 | 中型危岩 | 大型危岩 | 特大型危岩 |

危岩按所处相对崖底高度可分为低位危岩、中位危岩、高位危岩、特高位危岩（表2.5）。

表 2.5　危岩按所处相对崖底高度分类

| 危岩相对崖底高度 $H$/m | $H \leqslant 15$ | $15 < H \leqslant 50$ | $50 < H \leqslant 100$ | $H > 100$ |
|---|---|---|---|---|
| 危岩类型 | 低位危岩 | 中位危岩 | 高位危岩 | 特高位危岩 |

## 2.2　崩塌稳定性计算

危岩稳定性计算所采用的荷载可分为基本荷载（危岩自重、工程荷载）、裂隙水压力和地震力。危岩稳定性计算视所采用的工况，可分为天然工况（工况1）、暴雨（融雪）工况（工况2），地震烈度为6度及以上时，尚应考虑地震工况（工况3）。其中所采用的暴雨强度应为重现期为20年的暴雨强度。

危岩稳定性计算中各工况考虑的荷载组合应符合下列规定：

① 工况1，基本荷载：危岩自重+工程荷载。

② 工况2，基本荷载+暴雨（融雪）引起的裂隙水压力。

③ 工况3，基本荷载+暴雨（融雪）引起的裂隙水压力+地震力。

考虑降雨（融雪）对危岩稳定性的影响时，除应计算暴雨（融雪）时裂隙水压力外，还应分析降雨（融雪）引起的土体物质的迁移及上覆土体的自重应力增加。危岩稳定性计算剖面应沿危岩失稳的最不利方向并通过其危岩重心。当危岩稳定性计算剖面未通过危岩重心且危岩断面尺寸变化较大时，危岩稳定性计算应按空间问题进行计算。

地震荷载采用的综合水平地震系数取值参见表2.6。

表 2.6　综合水平地震系数

| 设计基本地震加速度 $a_h$ | $\leqslant 0.05g$ | $0.10g$ | $0.15g$ | $0.2g$ | $0.3g$ | $0.4g$ |
|---|---|---|---|---|---|---|
| 综合水平地震系数 $a_w$ | 0 | 0.025 | 0.037 5 | 0.05 | 0.075 | 0.10 |

基本地震加速度为0.2g及以上，且位于地震断裂带15 km范围内的危岩稳定性计算，宜同时计入水平向地震荷载和竖向地震荷载。

地震荷载可按如下公式进行计算：

$$Q_a = a_w Ga \qquad (2.1)$$

$$Q_v = Q_h / 3 \qquad (2.2)$$

式中：$Q_a$——危岩的水平地震荷载（kN/m）；

$\quad\quad Q_v$——危岩的竖向地震荷载（kN/m）；

$\quad\quad a_w$——综合水平地震系数，即 $a_w = a_h \xi/g$；

$\quad\quad a_h$——基本地震加速度；

$\quad\quad \xi$——折减系数，取 0.25；

$\quad\quad G$——危岩的重量（含地面荷载）（kN/m）；

$\quad\quad a$——危岩地震放大效应系数，低位危岩取 1.0，中位危岩取 1.5，高位危岩取 2，特高位危岩取 3。

危岩稳定性可按以下方法计算。

## 2.2.1 滑移式危岩体

1. 后缘无陡倾裂隙时（图 2.1）

$$F = \frac{\left(W\cos\alpha - V\right)\tan\varphi + cl}{W\sin\alpha} \qquad (2.3)$$

式中：$V$——裂隙水压力（kN/m）；

$\quad\quad F$——危岩稳定性系数；

$\quad\quad c$——后缘裂隙黏聚力标准值（kPa），当裂隙未贯通时，取贯通段和未贯通段黏聚力标准值按长度加权的加权平均值，未贯通段黏聚力标准值取岩石黏聚力标准值的 0.65 倍；

$\quad\quad \varphi$——后缘裂隙内摩擦角标准值（°），当裂隙未贯通时，取贯通段和未贯通段内摩擦角标准值按长度加权的加权平均值，未贯通段内摩擦角标准值取岩石内摩擦角标准值的 0.65 倍；

$\quad\quad \alpha$——滑面倾角（°）；

$\quad\quad l$——滑面长度（m）；

$\quad\quad W$——危岩体自重（kN/m）。

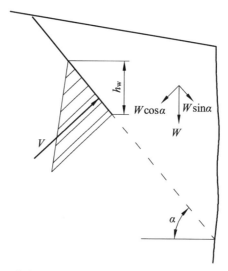

图 2.1 滑移式危岩稳定性计算（后缘无陡倾裂隙）示意图

2. 后缘有陡倾裂隙、滑面缓倾时

滑移式危岩稳定性按下式计算：

$$F_s = \frac{R}{T} \tag{2.4}$$

$$R = (W\cos\alpha - V\sin\alpha - U)\tan\varphi + cl \tag{2.5}$$

$$T = W\sin\alpha + V\cos\alpha \tag{2.6}$$

式中：$U$——滑面水压力（kN/m）；

其他符号意义同前。

## 2.2.2 倾倒式危岩体

崩塌区内倾倒式危岩体稳定性多由后缘岩体抗拉强度控制，如图 2.2 所示。

1. 危岩体重心在倾覆点之外时

计算公式如下：

$$F = \frac{\dfrac{1}{2} f_{lk} \cdot \dfrac{H-h}{\sin\beta} \left[ \dfrac{2}{3} \cdot \dfrac{H-h}{\sin\beta} + \dfrac{b}{\cos\alpha} \cos(\beta - \alpha) \right]}{Wa + Qh_0 + V \left[ \dfrac{H-h}{\sin\beta} + \dfrac{h_w}{3\sin\beta} + \dfrac{b}{\cos\alpha} \cos(\beta - \alpha) \right]} \tag{2.7}$$

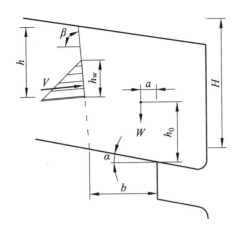

图 2.2　倾倒式危岩稳定性计算（由后缘岩体抗拉强度控制）

2. 危岩体重心在倾覆点之内时

计算公式如下：

$$F = \frac{\dfrac{1}{2}f_{lk}\cdot\dfrac{H-h}{\sin\beta}\cdot\left[\dfrac{2}{3}\cdot\dfrac{H-h}{\sin\beta}+\dfrac{b}{\cos\alpha}\cos(\beta-\alpha)\right]+Wa}{Qh_0+V\left[\dfrac{H-h}{\sin\beta}+\dfrac{h_{\mathrm{w}}}{3\sin\beta}+\dfrac{b}{\cos\alpha}\cos(\beta-\alpha)\right]} \tag{2.8}$$

式中：$h$——后缘裂隙深度（m）；

$h_{\mathrm{w}}$——后缘裂隙充水高度（m）；

$H$——后缘裂隙上端到未贯通段下端的垂直距离（m）；

$a$——危岩体重心到倾覆点的水平距离（m）；

$b$——后缘裂隙未贯通段下端到倾覆点之间的水平距离（m）；

$h_0$——危岩体重心到倾覆点的垂直距离（m）；

$f_{lk}$——危岩体抗拉强度标准值（kPa），根据岩石抗拉强度标准值乘以

0.4 的折减系数确定；

$\alpha$——危岩体与基座接触面倾角（°），外倾时取正值，内倾时取负值；

$\beta$——后缘裂隙倾角（°）。

其他符号意义同前。

3. 由底部强度控制时（图 2.3）

计算公式如下：

$$F = \frac{\dfrac{1}{3}f_{lk}b^2 + Wa}{Qh_0 + V\left(\dfrac{1}{3}\cdot\dfrac{h_{\mathrm{w}}}{\sin\beta} + b\cos\beta\right)} \qquad (2.9)$$

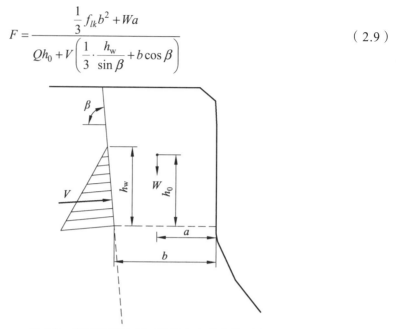

图 2.3　底部强度控制时计算危岩稳定性示意图

## 2.2.3　坠落式危岩

1. 计算模型

坠落式危岩稳定性计算模型如图 2.4、图 2.5 所示。

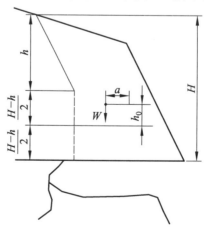

图 2.4　坠落式危岩稳定计算示意图（后缘有陡倾裂隙）

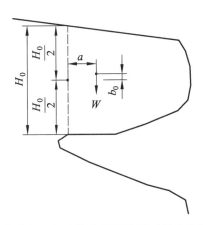

图 2.5 坠落式危岩稳定性计算示意图（后缘无陡倾裂隙）

2. 计算公式

（1）对后缘有陡倾裂隙的崩塌式危岩按下列公式计算，稳定性系数取两计算结果中的较小值：

$$K = \frac{c(H-h) - Q\tan\varphi}{W} \quad\quad (2.10)$$

$$K = \frac{\zeta f_{lk}(H-h)^2}{Wa + Qb_0} \qu\quad (2.11)$$

式中：$\zeta$——危岩抗弯力矩计算系数，依据潜在破坏面形态取值，一般可取
1/12～1/6，当潜在破坏面为矩形时可取 1/6；

$a$——危岩体重心到潜在破坏面的水平距离（m）；

$b_0$——危岩体重心到过潜在破坏面形心的铅垂距离（m）；

$f_{lk}$——危岩体抗拉强度标准值（kPa），根据岩石抗拉强度标准值乘以
0.20 的折减系数确定；

$c$——危岩体黏聚力标准值（kPa）；

$\varphi$——危岩体内摩擦角标准值（°）。

其他符号意义同前。

（2）对后缘无陡倾裂隙的倾倒式危岩按下列公式计算，稳定性系数取两计算结果的较小值：

$$K = \frac{cH_0 - Q\tan\varphi}{W} \qu\quad (2.12)$$

$$K = \frac{\zeta f_{lk} H_0^2}{Wa + Qb_0}$$

(2.13)

式中： $H_0$——危岩体后缘潜在破坏面高度（m）；

$f_{lk}$——危岩体抗拉强度标准值（kPa），根据岩石抗拉强度标准值乘以 0.30 的折减系数确定；

其他符号意义同前。

危岩稳定状态划分见表 2.7。

表 2.7　危岩稳定状态划分

| 危岩类型 | 危岩稳定状态 | | | |
|---|---|---|---|---|
| | 不稳定 | 欠稳定 | 基本稳定 | 稳定 |
| 坠落式危岩 | $K<1.0$ | $1.0 \leqslant K < 1.5$ | $1.5 \leqslant K < 1.8$ | $K \geqslant 1.8$ |
| 倾倒式危岩 | $K<1.0$ | $1.0 \leqslant K < 1.3$ | $1.3 \leqslant K < 1.5$ | $K \geqslant 1.5$ |
| 滑塌式危岩 | $K<1.0$ | $1.0 \leqslant K < 1.15$ | $1.15 \leqslant K < 1.3$ | $K \geqslant 1.3$ |

## 2.2.4　落石运动计算

1. 运动模式简化

在已知边坡特征（几何形态、坡角、坡面摩擦和回弹系数）和落石初始运动特征（运动方式、速度大小和方向）的前提下，从理论上来说，是可以完全计算出落石的整个运动轨迹及其运动过程参数的。为简化分析，我们将落石的运动划分为自由坠落、滚动、碰撞弹跳、滑动四种运动类型。事实上，落石以滑动的方式向前运动的情况很少，当落石贴坡面运动时，我们统一将其看成是滚动模式，滚动过程受阻小，这样计算出来的结果对于设计是倾于保守的。

2. 计算原理

为了建立各阶段落石的运动路径方程，基本假定：

① 自由坠落与弹跳时，将落石视为一质点，不考虑运动过程中的空气阻力。

② 落石沿坡面滚动时，将其视为具有一定质量和惯性矩的球体。

③ 运动轨迹计算忽略落石尺寸大小,落石质量和半径仅用于判断其运动模式。

④ 将坡面同一类岩土体的受荷动力性能视为常数。

3. 自由坠落速度

落石失稳脱离母岩后或滚动运动脱离坡面后,在自重作用下表现出的运动形式称为自由坠落。为了不失一般性,设落石自某一时刻从 $(x_1, y_1)$ 处以初速度脱离母岩或面面。根据运动学原理,失稳后的落石运动轨迹为

$$\left.\begin{array}{l} x_{i+1} = x_i + \Delta t v_{ix} \\ y_{i+1} = y_i + \Delta t v_{iy} - \dfrac{1}{2} g \Delta t^2 \end{array}\right\} \tag{2.14}$$

坠地瞬间的速度 $v_{(i+1)x}$ 和 $v_{(i+1)y}$ 为

$$v_{(i+1)x} = v_{ix} \qquad v_{(i+1)y} = v_{iy} \tag{2.15}$$

式中,$(x_{(i+1)}, y_{(i+1)})$ 为坠落点坐标;$\Delta t$ 为坠落时间(s);其余变量同前。

4. 碰撞弹跳速度

落石从陡坡冲击地面的碰撞属于非弹性碰撞,与坡面接触点的相对速度一般不沿坡面法线运动,因此须把落石的运动速度分解到斜面的法向和切向上(图 2.6、图 2.7),即

$$v_{in} = v_i \cos \alpha \qquad v_{it} = v_i \sin \alpha \tag{2.16}$$

落石在碰撞过程中,存在两种能量损失,即坡面塑性变形耗能和瞬间摩擦耗能,这两种能量损失均与坡面岩土体性质密切相关。引入回弹系数表征碰撞过程中的能量损失,即用法向回弹系数表示坡面塑性变形造成的能量损失,用切向回弹系数表示瞬间摩擦造成的能量损失,则落石碰撞斜坡后沿斜坡法向与切线的速度分别为

$$\left.\begin{array}{l} v'_{in} = e_n v_{in} \\ v'_{it} = e_t v_{it} \end{array}\right\} \tag{2.17}$$

式中,$v_i$ 为落石碰撞坡面的入射速度(m/s);$v'_i$ 为落石碰撞坡面后的反弹速度(m/s);其中,$v_{in}$ 和 $v_{it}$ 分别为落石碰撞坡面后的入射速度沿斜坡与切线的分速度(m/s);$v'_{in}$ 和 $v'_{it}$ 分别为落石碰撞坡面后的反弹速度沿斜坡与切线的分速度(m/s);$e_n$ 和 $e_t$ 分别为法向回弹系数与切向回弹系数。

则落石反弹速度 $v_i'$ 及其与坡面夹角 $\theta$ 为

$$
\left.
\begin{aligned}
v_i' &= v_i\sqrt{\left(e_n\cos\alpha\right)^2 + \left(e_t\sin\alpha\right)^2} \\
\tan\theta &= \frac{e_n}{e_t}\cot\alpha
\end{aligned}
\right\}
\tag{2.18}
$$

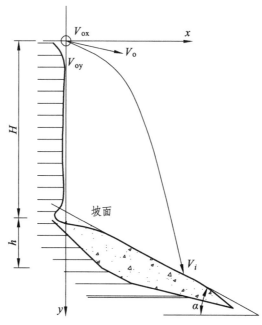

图 2.6　落石碰撞示意图

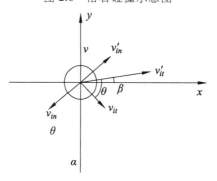

图 2.7　落石落地速度分解

$$
\beta = \theta - \alpha
\tag{2.19}
$$

落石弹跳阶段分析模型如图 2.8 所示。为了计算方便，引入高度 $h$，存在

$$\frac{h}{H} = \frac{s}{s_{max}} \tag{2.20}$$

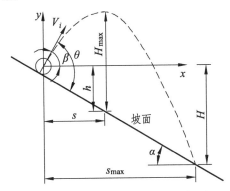

图 2.8 落石弹跳分析模型示意图

因此，基于运动学原理，落石弹跳最高点距离起跳点的距离 $s$ 为

$$s = v_i' \cos \beta t = v_i' \cos \beta \frac{v_i' \sin \beta}{g} = \frac{v_i'^2 \sin \beta \cos \beta}{g} \tag{2.21}$$

最大弹跳高度 $H_{max}$ 为

$$H_{max} = h + v_i' t \sin \beta - \frac{1}{2} g t^2 = h + \frac{(v_i' \sin \beta)^2}{g} - \frac{(v_i' \sin \beta)^2}{2g} = \frac{sH}{s_{max}} + \frac{(v_i' \sin \beta)^2}{2g} \tag{2.22}$$

设弹跳点的坐标为（$x_i$，$y_i$），由运动学方程可得到落石弹跳运动轨迹为

$$\left. \begin{array}{l} x = v_i' t \cos \beta + x_i \\ y = -\dfrac{1}{2} g t^2 - v_i' t \sin \beta + y_i \end{array} \right\} \tag{2.23}$$

联立两方程，消去 $t$，可得弹跳运动轨迹综合方程为

$$\frac{2(v_i' \cos \beta)^2}{g}(y - y_i) + (x - x_i)^2 + \frac{2 v_i' \cos \beta v_i' \sin \beta}{g}(x - x_i) = 0 \tag{2.24}$$

令弹跳阶段落石落地时的入射角为 $\xi$、速度为 $v_{i+1}$，计算式则为

$$\tan \xi = \tan \beta - \frac{g t}{v_i' \cos \beta} = \tan \beta - \frac{g s_{max}}{(v' \cos \beta)^2} \tag{2.25}$$

式中：$\alpha$ 为坡面水平角（°）；$\beta$ 为落石运动方向与斜坡坡面夹角（°）；$H$ 为反弹点至坠落点竖直高度（m），$s_{max}$ 为落石反弹最大抛程（m）。

5. 滚动速度

将落石与坡面滚动看成类似车胎与铺面的滚动抗阻，则有

$$N = mg\cos\alpha \tag{2.26}$$

$$m\ddot{s} = mg\sin\alpha - f \tag{2.27}$$

$$I\frac{\ddot{s}}{r} = fr - Nl_r \tag{2.28}$$

式中：$N$ 为坡面对落石的支撑力（kN）；$f$ 为坡面对落石的摩擦力（kN）；$m$ 为落石的质量（kg）；$r$ 为落石的半径（m）；$s$ 为落石的位移矢量（m）；$\ddot{s}$ 为位移矢量对时间的二阶导数，即加速度（m/s²）；$l_r$ 为落石在坡面的支撑点距重心在坡面法线之间的距离（m）。

联立式上述三式，求解得

$$\ddot{s} = \frac{m}{m + \dfrac{1}{r^2}} g\left(\sin\alpha - \frac{l_r}{r}\cos\alpha\right) \tag{2.29}$$

令 $B = \dfrac{m}{m + \dfrac{1}{r^2}}$，$B$ 为一与滚石质量和形状相关的常数，$\tan\varphi_d$ 为滚动摩擦系数，则可求得任意位置 $s$ 的速度 $v_i$ 为

$$v_i = \sqrt{v_{i-1}^2 - 2Bg\cos\alpha(\tan\alpha - \tan\varphi_d)s} \tag{2.30}$$

若 $\ddot{s} < 0$，即 $\tan\alpha < \tan\varphi_d$ 时，则落石作减速运动，当坡面足够长时，落石将最终在滚动摩擦作用下停止，停止时的位移 $s$ 为

$$s = \frac{v_{i-1}^2}{2Bg\cos\alpha(\tan\alpha - \tan\varphi_d)} \tag{2.31}$$

落石滚动时的作用力如图 2.9 所示。

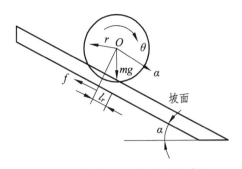

图 2.9 落石滚动时作用力示意图

6. 危岩运动路径确定方法

危岩失稳崩落后仅以上述单一形式运动的可能性很小，多数情况下由于危岩所处的陡崖由多级坡面构成，且各坡面形式复杂多变，因此应建立普适性的运动路径计算方法。在运动路径综合分析流程中，关键是运动形式的判别。应建立两个判据，即落石落地判据（弹跳或滚动）以及落石运动状态判据（运动或停止）。

（1）落石落地判据。

落石在碰击坡面后能量有所消散，剩余的能量是否能使落石弹跳，或是使其以加速或减速的方式贴着坡面向下滚动，就需要定义边界条件。事实上，实际经验告诉我们，落石弹跳高度是很小的，且切向速度大于法向速度一半时，落石几乎贴坡面向下运动。依据能量守恒有

$$\frac{1}{2}v_{in}'^2 = mgh\cos\alpha \tag{2.32}$$

式中：$h$ 为落石垂直坡面的弹跳高度（m）。

建立的落石落地判据为当 $\left|v_{in}'/r\right|^2 \leqslant 0.02\cos\alpha \bigcap \left|\dfrac{v_{it}'}{v_{in}'}\right| > 0.5$ 时，落石贴着坡面滚动，否则，发生弹跳。

（2）落石运动状态判据。

根据滚动形式分析，当加速度 $\ddot{s}$ 为负值时，其沿坡面向下的运动属于减速运动，且这时坡面足够长，落石可能在此地段（$i$ 段）停下来；若坡面较短，落石有足够的动能使其到达 $i+1$ 点，则落石会在 $i+1$ 点飞起，以自由坠落的形式向下一坡段运动。同理，根据能量守恒有

$$\frac{1}{2}mv_i'^2 + fl = mgl\sin\alpha \qquad (2.33)$$

式中：$f$ 为滚动摩擦力（kN），$f = mg\cos\alpha\tan\varphi_d$；

$l$ 为坡面长度（m）。

建立的落石运动状态判据为当 $l > \dfrac{0.05v_i^2}{\sin\alpha - \cos\alpha\tan\varphi_d}$ 时，落石在此坡段停

止，否则，坠入下一坡段。

危岩运动路径分析流程如图 2.10 所示，落石滚动时可能的运动形式如图 2.11 所示。

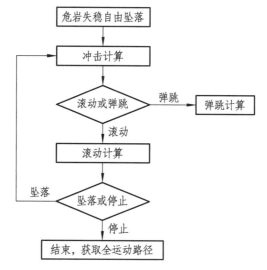

图 2.10　危岩运动路径分析流程

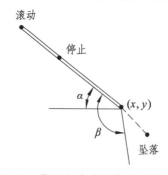

图 2.11　落石滚动时可能的运动形式

7. 落石基本参数的选取

前已分析，当落石以滚动或滑落模式运动时，受坡面摩擦作用，按表2.8确定斜坡表面的摩擦系数。

表2.8 斜坡表面摩擦系数 $K$ 值计算公式

| 顺序 | 山坡坡度角/(°) | $K$ 值计算公式 |
|---|---|---|
| 1 | $0 \sim 30$ | $K = 0.41 + 0.004\,3\alpha$ |
| 2 | $30 \sim 60$ | $K = 0.543 - 0.004\,8\alpha + 0.000\,162\alpha^2$ |
| 3 | $60 \sim 90$ | $K = 1.05 - 0.012\,5\alpha + 0.000\,002\,5\alpha^2$ |

注：$K$ 值计算公式可用于下列各种山坡：
  ① $\alpha \geqslant 45°$，基岩外露的山坡；
  ② $\alpha = 35° \sim 40°$，基岩外露，局部有草和稀疏灌木的山坡；
  ③ $\alpha = 30° \sim 35°$，有草、稀疏灌木，局部基岩外露的山坡；
  ④ $\alpha = 75° \sim 30°$，有草、稀疏灌木的山坡。

当落石以弹跳模式运动时，取决于坡面的回弹系数，而坡面回弹系数取决于坡面覆盖层和植被特征，其值大小可通过表2.9和表2.10进行经验性选取。

表2.9 切向回弹系数值

| 切向回弹系数 $R_t$ | 坡面特征 |
|---|---|
| $0.87 \sim 0.92$ | 光滑坚硬的表面，如铺砌面或光滑的层状岩石表面 |
| $0.83 \sim 0.87$ | 基岩表面和无植被的崩塌堆积体 |
| $0.82 \sim 0.85$ | 有少量植被的崩塌或砾石堆积体 |
| $0.80 \sim 0.83$ | 植被覆盖的崩塌堆积体和植被稀少的土质边坡 |
| $0.78 \sim 0.82$ | 灌木覆盖的土质边坡 |

表2.10 法向回弹系数值

| 法向回弹系数 $R_n$ | 坡面特征 |
|---|---|
| $0.37 \sim 0.42$ | 光滑坚硬的表面，如铺砌面或光滑的层状岩石表面 |
| $0.33 \sim 0.37$ | 基岩表面和砾石边坡 |
| $0.30 \sim 0.33$ | 崩塌堆积体和坚硬的土质边坡 |
| $0.28 \sim 0.30$ | 软土质边坡 |

## 2.3 崩塌治理工程案例

### 2.3.1 区域地质环境条件

1. 气　象

项目区气候属于以南亚热带为基调的干热河谷气候，具有夏季长、温度日变化大、四季不分明、气候干燥、降雨集中、日照多、太阳辐射强、气候垂直差异显著，以及高温、干旱等特点。根据水文气象资料统计结果，其主要气候特点具体表现如下：

（1）年平均气温 20.9 °C，最热月份为 5 月，日最高气温的月平均值为 33.2 °C，极端最高气温为 41.0 °C（出现在 1987 年 6 月 22 日），极端最低气温为 -1.0 °C（出现在 1983 年 12 月 28 日）。

（2）项目区降雨主要集中在 5 ~ 10 月，雨季的降雨量平均占全年降雨量的 95.5%，10 月下旬至次年 5 月为旱季。降雨多在夜间，多雷阵雨，年平均降雨量为 801.6 mm，年最大降雨量为 1 006.9 mm。

（3）年平均相对湿度为 56%，在一年或一个月中相对湿度差异较大，最大相对湿度可高达 100%，最小相对湿度可低至 0%。旱季，特别是 3、4 月份湿度很小，空气异常干燥，进入雨季后，湿度逐渐增大。

（4）风季一般出现在 2 ~ 4 月，风向多为偏南风，风力不等，风速小则 1 ~ 2 m/s，大则常达到大风标准。年平均风速为 1.50 m/s，年最大风速为 18.30 m/s，年平均大风日数为 27 d。

2. 水　文

场地属金沙江支流巴关河水系，巴关河发源于同德乡桔子坪，自北向南流经同德、民政、平江，全长 28 km，流域面积 242 km²，在巴关河火车站以西的河门口汇入金沙江。

金沙江从勘查区南侧约 11.5 km 处自西向东流过，在市境内平均宽约 280 m，一般水深 10 ~ 15 m，流速在 3.5 m/s 左右，自云南省华坪县与项目区仁和区福田乡交界处流入项目区，自西向东横贯项目区。金沙江平均流量为 1 690 m³/s，多年平均径流量为 488 亿立方米。水量变化有明显的丰、枯季节，一般枯水期在 2 ~ 4 月，月平均流量仅有 460 ~ 500 m³/s，年最小流量发生日期在 2 月底 3 月初；丰水期在 7～9 月，月平均流量为 3 000～4 500 $m^3/s$。丰水期的平均流量比枯水期大 6～10 倍，洪水最高水位比枯水最低水位高 10 余米。

雅砻江是金沙江最大的支流，又名若水、打冲江、小金沙江，藏语称尼雅曲，意为多鱼之水，发源于巴颜喀拉山南麓，经青海流入四川。雅砻江从勘查区东侧约 33 km 处自北向南流过，在市区北部盐源、德昌、米易三县交界处进入米易县境，沿盐边、米易县界南流，在俣果汇入金沙江，市境内全长 101 km，流域面积 3 565.5 $km^2$，占全市面积的 47.96%。据小得石水文站实测，雅砻江 1983 年最高水位为 995.68 m，最低水位为 982.71 m；最大流量为 10 600 $m^3/s$，最小流量为 350 $m^3/s$，多年平均流量为 1 562.78 $m^3/s$；最大含沙量为 55.6 $kg/m^3$；流速在 7.5～0.56 m/s。雅砻江河谷陡峻，滩多流急，水力资源十分丰富，年径流量达 387.6 亿～627.4 亿立方米，年均流量为 1 230～1 990 $m^3/s$，其最大支流安宁河和鱼鲊河流量分别为 182～343 $m^3/s$ 和 52.4～53.4 $m^3/s$。

3. 地形地貌

勘查区属中山区构造剥蚀地貌，斜坡地形，自然斜坡整体地形坡度 30°～40°，斜坡上部地形较陡峭，崩塌多分布于陡崖地段，地形坡度达 60°，斜坡中部地形呈纵向陡缓相间分布，乡村水泥公路上方陡坡地段地形坡度 50°～60°，斜坡下部相对较平缓，地形坡度 25°～30°。自然斜坡后缘危岩区高程约 1 850 m，前缘坡脚冲沟沟心处高程约 1 500 m，相对高差 350 m，斜坡整体坡向约 25°。斜坡前缘沿坡脚发育一冲沟，走向约 315°。区内斜坡坡表植被较发育，多为灌木及杂草，间有台阶状或斜坡状耕地，多种植花椒、玉米等作物。

4. 地层岩性

根据地表调查，结合区域地质资料，勘查区地层由新到老主要为第四系全新统崩坡积含块石粉质黏土（$Q_4^{c+dl}$）、斜坡上部基岩为震旦系中统灯影组（$Z_2d$）白云岩、斜坡下部基岩为震旦系中统观音崖组（$Z_2g$）砂岩夹页岩。各地层岩性特征描述如下：

① 含块石粉质黏土（$Q_4^{c+dl}$）：灰褐色、紫红色、黄褐色，以粉黏粒为主，含 10%～40% 块石，块石以白云岩、砂岩为主，尖棱状，分布不均匀，局部富集，土质整体呈可塑～硬塑状。该层广泛分布于区内除陡崖地段以外的斜坡地表。

② 震旦系中统灯影组（$Z_2d$）白云岩：灰白色、灰色，主要矿物成分为白云石、方解石，隐晶质结构，局部钙质胶结砾状结构，中厚~巨厚层状构造，节理裂隙及层理较发育，陡崖段卸荷裂隙发育，岩体表面见刀砍状溶纹，局部见溶隙、溶洞等溶蚀现象，岩质较坚硬~坚硬，锤击声较清脆，不易击碎。该层主要分布于自然斜坡上部，在上部陡崖地段可见较大面积出露，上部危岩带主要发育于该地层。

③ 震旦系中统观音崖组（$Z_2g$）砂岩夹页岩：紫红色、棕褐色，主要矿物成分为长石，含少量石英、云母及黏土矿物，细粒结构，硅泥质胶结，以薄层~厚层状构造为主，局部夹薄层~中厚层状页岩，差异风化较明显，层理及竖向节理较发育，陡崖段卸荷裂隙发育，强风化带岩质软，岩体极破碎，中风化带岩质较坚硬，锤击声较清脆，较不易击碎。该层主要分布于自然斜坡中下部，在中部乡村水泥公路上方陡崖地段可见出露，下部危岩带主要发育于该地层。

5. 地质构造与地震

勘查区在区域构造上位于川滇南北向构造带中段西侧与滇藏歹字型构造复合部位，区内构造复杂，褶皱、断裂发育，以南北向及北东向构造为主，东西向及北西向构造次之。

南北向构造以昔格达断裂带为代表，该断裂带属川滇南北向构造的西支部分，北起冕宁磨盘山，南经昔格达、红格和元谋，止于云南易门附近，全长 460 km。该断裂带在区内呈南北延伸略有弯曲之势，走向在北北东至北北西之间，倾向北东或北西，倾角为 55°~75°，破碎带宽 20~30 m，东盘以会理群变质岩系为主，西盘以闪长岩为主。断裂属压扭兼平推性质，为全新活动断裂，历史上曾多次活动，晚第四纪该断裂有明显的活动显示。北东向断裂以纳拉箐及倮果断裂为代表，均为压扭性质。纳拉箐断裂带北起二台坡，南经弄弄坪过金沙江沿纳拉箐沟延出市区，全长 74 km；走向北东 15°~40°，倾向南东，倾角 40°~80°；东盘为正长岩、辉长岩、花岗岩及大理岩等，分别逆冲于三叠系上统之上；该断裂为活动断裂，但活动性微弱，近年沿断裂带曾发生过多次微震，最大震级为 2.7 级，对场区影响较小。倮果断裂带北起老王崖、南经倮果至棉纱湾，全长 25 km，总体走向为北东 27°，倾向北西，倾角 65°~80°；老王崖至倮果一带上盘为侏罗系地层，下盘为中生代花岗岩；金沙江以南上盘以闪长岩及混合岩为主，下盘为石英闪长岩；该断裂活动性较纳拉箐断裂更弱。

从区域构造上看，勘查场地处于昔格达—鱼鲊强震活动区西侧相对地震弱活动区，地壳属基本稳定区，场地附近未发生过 7 级以上的地震。距场地最近强度较高的地震有：1955 年鱼鲊 6.7 级地震，1955 年华坪县 6 级地震，1995 年云南武定 6.5 级地震，2008 年 8 月 30 日项目区仁和区、凉山彝族自治州会理县交界处 6.1 级地震，地震发生时场地均有震感，场地属于地震波及区。根据《建筑抗震设计规范》（GB 50011—2010）（2016 年版），场地抗震设防烈度为 7 度，设计地震分组为第三组。根据《中国地震动参数区划图》（GB 18306—2015），场地基本地震动峰值加速度值为 0.10$g$，基本地震动加速度反应谱特征周期为 0.45 s。

6. 水文地质条件

勘查区地下水类型主要有松散岩土类孔隙水、基岩裂隙水和岩溶水三类。

松散岩土类孔隙水：主要含水介质为第四系覆盖层崩坡积含块石粉质黏土，赋存于土体孔隙内。该类型地下水主要由大气降水形成的暂时性地表水下渗补给，场区整体为斜坡地形，有利于大气降水形成的暂时性坡面面流较为迅速地沿斜坡排泄，限制了地下水的补给时间及补给水量。因此，该类型地下水补给条件较差。区内第四系覆盖层物质组成以黏性土为主，富水性及透水性均较差，不利于地下水的径流及排泄，该类型地下水不丰富。

基岩裂隙水：主要含水介质为震旦系中统灯影组（$Z_2d$）白云岩及震旦系中统观音崖组（$Z_2g$）砂岩夹页岩，赋存于岩体裂隙内，由大气降水及上覆的第四系地层内松散岩土类孔隙水下渗补给，沿裂隙渗流。砂岩夹页岩地层中的页岩夹层属相对隔水层。该地层裂隙间连通性整体较差，富水性及透水性均较差，不利于该类型地下水的补给、径流及排泄，地下水水量不丰富。白云岩强风化带节理裂隙发育，岩体破碎，中等风化带节理裂隙连通性较好，是良好的含水介质，富水性及透水性均较好，有利于该类型地下水的径流及排泄。但由于场地整体位于斜坡区，地形坡度较陡，高差大，故该类型地下水能及时排泄，不易富集形成稳定、连续的地下水位。场地内该地层基岩裂隙水水量总体上不丰富。

岩溶水：主要含水介质为震旦系中统灯影组（$Z_2d$）白云岩。该类型地下水主要赋存于溶洞、溶槽、溶缝及层间溶蚀内，区内该地层岩体存在一定的溶蚀作用，主要表现为岩体表面见刀砍状溶纹，局部见溶隙、溶洞等溶蚀现象。据调查，勘查区内地表未见落水洞、岩溶塌陷坑，总体上区内岩溶发育程度较低、连通性较差，一般地段该类型地下水不丰富，局部可能存在溶蚀作用相对发育、水量丰富的溶蚀破碎带或溶洞。

7. 人类工程活动

崩塌区位于陡崖地段,仅有人行小路通行,人类工程活动对地质环境的改变和影响较小。

## 2.3.2 崩塌发育基本特征

1. 危岩带概况

项目区崩塌隐患点于 2014 年至 2019 年间多次发生崩塌灾害,且多发生于雨季,其中 2019 年雨季崩塌方量约 10 m³,块石最大粒径约 2 m×1.6 m×1.8 m。未造成人员伤亡。由于该崩塌灾害具有突发性强、成灾后危险性大的特点,因此严重威胁着下方项目区组村民 10 户 40 人的生命财产安全,危险性和危害性均较大。本次勘察根据地形地貌、危岩裂隙发育情况及危岩崩落破坏程度将工作区分为 3 个危岩带,如图 2.12、表 2.11 所示。

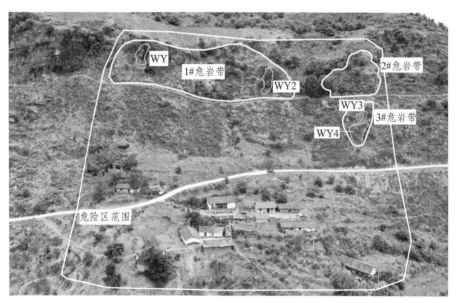

图 2.12　项目区崩塌全貌

表 2.11　项目区崩塌危岩带统计

| 危岩带 | 危岩带规模 | | | | 岩性 | 破坏模式 |
|---|---|---|---|---|---|---|
| | 宽/m | 平均厚/m | 顺坡长/m | 体积/m³ | | |
| 1#危岩带 | 105 | 2.5 | 30 | 7 875 | 白云岩 | 滑移式 |
| 2#危岩带 | 30 | 2 | 25 | 1 500 | 白云岩 | 滑移式 |
| 3#危岩带 | 12 | 1.5 | 20 | 360 | 白云岩 | 坠落式 |

1#危岩带位于崩塌体上部,分布高程为 1 755～1 795 m,相对高差约 40 m,主崩方向 21°。崩塌带宽约 105 m,顺坡长约 30 m,坡角 60°～70°,危岩带面积 3 150 m²,平均厚 2.5 m,松动破碎带方量约 0.78 万立方米。

危岩区出露地层为震旦系中统灯影组（Z₂d）,岩性为白云岩,层产状为 203°∠21°。危岩区岩体节理裂隙发育,主要发育有 2 组节理裂隙:① 33°∠75°,发育密度 1～2 m/条,延伸长度 7～8 m,节理张开 10～15 cm,无充填;② 30°∠80°,发育密度 0.6～1.2 m/条,延伸长度 1～2 m,节理张开 3～4 cm,无充填。

受地震及构造作用,1#危岩带区岩体局部节理裂隙发育,结构较为完整,岩体为层状结构。危岩带内共发育 2 处体积较大的危岩体（WY1、WY2）。

1#危岩带由于地形坡度较大,临空条件较好,加之岩体节理裂隙发育,结构破碎,表层破碎岩体在降雨等作用下偶有崩塌落石现象,顺坡滚动,对当地居民及过往车辆造成一定影响。块体多呈方形,已崩落碎石块径在 0.5～0.7 m 左右,最大可达 1 m,体积一般在 0.3～0.5 m³。

2#危岩带位于灾害点左侧,分布高程为 1 755～1 785 m,相对高差约 30 m,主崩方向 30°。崩塌带宽约 30 m,顺坡长约 25 m,坡角 60°～70°,危岩带面积 750 m²,平均厚度 2 m,危岩松动带方量约 0.15 万立方米。

危岩区出露地层为震旦系中统灯影组（Z₂d）,岩性为白云岩,层产状为 212°∠20°。危岩区岩体节理裂隙发育,主要发育有 2 组节理裂隙:① 36°∠83°,发育密度 1～3 m/条,延伸长度 2～4 m,节理张开 2～4 cm,无充填;② 39°∠85°,发育密度 0.6～1.2 m/条,延伸长度 1～2 m,节理张开 0.5～0.1 cm,无充填。

2#危岩带由于地形坡度较大,临空条件较好,加之岩体节理裂隙发育,结构破碎,表层破碎岩体在降雨、地震等作用下偶有崩塌落石现象。

受地震及构造作用,2#危岩带区岩体节理裂隙发育,结构破碎,整个危岩带岩体呈破碎状,块体多呈扁平状,可见单体块径 0.5～1.0 m,最大块径可达 2.0 m，单体体积一般在 0.2～1.0 m³。

3#危岩带位于崩塌体左侧。分布高程为 1 730～1 750 m，相对高差约 20 m，主崩方向 30°。崩塌带宽约 12 m，顺坡长约 20 m，危岩带面积 240 m²，平均厚度 1.5 m，坡角 50°～60°。初步估计 3#危岩带表层松动破碎岩体总体积约 360 m³。

危岩区出露地层为震旦系中统观音崖组（Z₂g），岩性为砂岩，层产状为 221°∠20°。危岩区岩体节理裂隙发育，主要发育有 2 组节理裂隙：① 218°∠20°，发育密度 2～3 m/条，延伸长度 3～4 m，节理张开 5～10 cm，无充填；② 41°∠89°，发育密度 1～2 m/条，延伸长度 2～3 m，节理张开 2～3 cm，无充填。危岩带内共发育 2 处体积较小的危岩体（WY3、WY4）

3#危岩带由于地形坡度较大，临空条件较好，加之岩体节理裂隙发育，结构破碎，表层破碎岩体在降雨、地震等作用下偶有崩塌落石现象。

受地震及构造作用，3#危岩带区岩体节理裂隙发育，结构破碎，块体多呈扁平状，可见单体块径 0.5～1.5 m，最大块径可达 2 m，单体体积一般在 0.2～3.3 m³。

项目区崩塌节理裂隙发育，危岩体多呈块状，危岩块体块径大，数量多，本次勘查，共查明典型危岩单块 4 处（表 2.12），呈零星分布，无规律，具前凸、下坠之特点，单个块体多呈不规则状的多面楔形体，大小不一，危岩体总方量约为 512.75 m³。危岩单体体积一般为 0.7～8 m³ 不等。

表 2.12　危岩单体基本情况汇总

| 危岩带 | 危岩体 | 危岩体规模 | | | | 岩性 | 破坏模式 |
| --- | --- | --- | --- | --- | --- | --- | --- |
| | | 高/m | 宽/m | 厚/m | 体积/m³ | | |
| 1#危岩带 | WY1 | 15 | 6 | 3 | 270 | 白云岩 | 坠落式 |
| | WY2 | 14 | 3 | 2 | 84 | 白云岩 | 坠落式 |
| 3#危岩带 | WY3 | 2.5 | 3.5 | 1 | 8.75 | 白云岩 | 坠落式 |
| | WY4 | 10 | 6 | 2.5 | 150 | 白云岩 | 坠落式 |
| 合计 | | | | | 512.75 | | |

2. 危岩带形成机制及影响因素

（1）地形地貌：危岩带发育于斜坡中部，地形坡度较大，临空条件发育，卸荷较强烈。

（2）岩体结构破碎，节理裂隙发育，共发育 2 组节理，节理裂隙将岩体切割为大小不一的不规则形，当岩体发育不利于外倾结构面时，在降雨、地震等的作用下岩体易于脱离母体发生崩塌。

（3）卸荷和风化作用：岩体一侧临空，卸荷作用在岩体上产生上宽下窄的楔形疲劳拉张裂隙，随着时间效应，裂隙不断增大、加深，当岩体自身倾倒作用力大于抗拉强度时，岩体出现拉裂危岩体崩落。

（4）降雨作用：危岩体失稳崩落的主要诱发因素之一，其破坏表现为降低节理面的抗剪强度、裂隙水对岩块的静水压力、裂隙水的排泄对岩块产生的动水压力等。

（5）地震作用：对崩塌（危岩）体的影响表现为破坏岩体整体性、在岩体上产生裂缝以及直接导致岩体崩落等多个方面。

## 2.3.3　稳定性计算及评价

目前，按照不同的标准，危岩分类系统多样。但是，从工程防治的角度按照危岩失稳类型进行分类更有价值，可将危岩概化分为滑移式危岩、倾倒式危岩和坠落式危岩三类。当软弱结构面倾向坡外，上覆盖体后缘裂隙与软弱结构面贯通时，在动水压力和自重力作用下，岩体缓慢向前滑移变形，形成滑移式危岩，其模式如图 2.13 所示；当软弱夹层形成岩腔后，上覆盖体重心发生外移，在动水压力和自重作用下，上覆盖体失去支撑，拉裂破坏向下倾倒，形成倾倒式危岩，如图 2.14 所示；多组结构面将岩体切割成不稳定的块体，当底部凹腔发育时，局部岩体临空，不稳定块体发生崩塌，进而使上部岩体失去支撑，卸荷作用加剧，形成切割岩体的结构面，从而形成坠落式危岩，如图 2.15 所示。

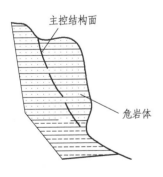

图 2.13　滑移式危岩示意图

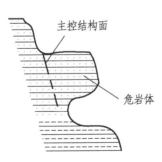

图 2.14　倾倒式危岩示意图

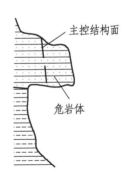

图 2.15　坠落式危岩示意图

### 2.3.3.1 滑移式危岩体计算

#### 1. 计算模型

滑移式危岩计算模型如图 2.16、图 2.17 所示。

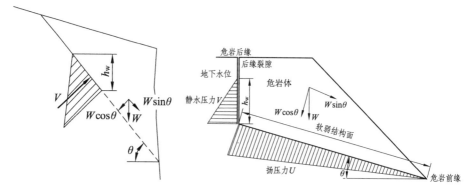

图 2.16　滑移式危岩计算示
意图（后缘无陡倾裂隙）

图 2.17　滑移式危岩计算示意图
（后缘有陡倾裂隙）

#### 2. 计算公式

（1）后缘无陡倾裂隙（滑面较缓）时按下式计算：

$$K = \frac{(W\cos\theta - Q\sin\theta - V)\tan\varphi + cl}{W\sin\theta + Q\cos\theta} \tag{2.34}$$

式中：$V$——裂隙水压力（kN/m），$V = \frac{1}{2}\gamma_w h_w^2$；

$h_w$——裂隙充水高度（m），取裂隙深度的 1/3。

$\gamma_w$——取 10kN/m。

$Q$——地震力（kN/m），按公式 $Q = \xi_e W$ 确定，式中地震水平作用系数六级烈度地区 $\xi_e$ 取 0.05；

$K$——危岩稳定性系数；

$c$——后缘裂隙黏聚力标准值（kPa），当裂隙未贯通时，取贯通段和未贯通段黏聚力标准值按长度加权的加权平均值，其中未贯通段黏聚力标准值取岩石黏聚力标准值的 0.4 倍；

$\varphi$——后缘裂隙内摩擦角标准值（°），当裂隙未贯通时，取贯通段和未贯通段内摩擦角标准值按长度加权的加权平均值，其中未贯通段内摩擦角标准值取岩石内摩擦角标准值的 0.95 倍；

146

$\theta$——软弱结构面倾角（°），外倾取正，内倾取负；

$W$——危岩体自重（kN）。

（2）后缘有陡倾裂隙、滑面缓倾时，滑移式危岩稳定性按下式计算：

$$K = \frac{(W\cos\theta - Q\sin\theta - V\sin\theta - V)\tan\varphi + c \cdot l}{W\sin\theta + Q\cos\theta + V\cos\theta}$$ （2.35）

式中符号意义同前。

### 2.3.3.2　倾倒式危岩计算

1. 计算模型

倾倒式危岩稳定性计算模型如图 2.18、图 2.19 所示。

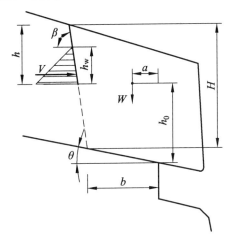

图 2.18　倾倒式危岩稳定性计算示意图（后缘岩体抗拉强度控制）

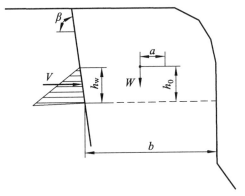

图 2.19　倾倒式危岩稳定性计算示意图（由底部岩体抗拉强度控制）

2. 计算公式

（1）危岩破坏由后缘岩体抗拉强度控制时，按以下公式计算：

危岩体重心在倾覆点之外时：

$$K = \frac{\frac{1}{2}f_{lk}\frac{H}{\sin\beta}\left[\frac{2}{3}\cdot\frac{H-h}{\sin\beta}+\frac{b}{\cos\theta}\cos(\beta-\theta)\right]}{Wa+Qh_0+V\left[\frac{H-h}{\sin\beta}+\frac{h_w}{3\sin\beta}+\frac{b}{\cos\theta}\cos(\beta-\theta)\right]} \qquad (2.36)$$

危岩体重心在倾覆点之内时：

$$K = \frac{\frac{1}{2}f_{lk}\cdot\frac{H-h}{\sin\beta}\cdot\left[\frac{2}{3}\cdot\frac{H-h}{\sin\beta}+\frac{b}{\cos\theta}\cos(\beta-\theta)\right]+Wa}{Qh_0+V\left[\frac{H-h}{\sin\beta}+\frac{h_w}{3\sin\beta}+\frac{b}{\cos\theta}\cos(\beta-\theta)\right]} \qquad (2.37)$$

式中：$h$——后缘裂隙深度（m）；

$h_w$——后缘裂隙充水高度（m）；

$H$——后缘裂隙上端到未贯通段下端的垂直距离（m）；

$a$——危岩体重心到倾覆点的水平距离（m）；

$b$——后缘裂隙未贯通段下端到倾覆点之间的水平距离（m）；

$h_0$——危岩体重心到倾覆点的垂直距离（m）；

$f_{lk}$——危岩体抗拉强度标准值（kPa），根据岩石抗拉强度标准值乘以 0.4 的折减系数确定；

$\theta$——危岩体与基座接触面倾角（°），外倾时取正值，内倾时取负值；

$\beta$——后缘裂隙倾角（°）；

其他符号意义同前。

（2）危岩的破坏由底部岩体抗拉强度控制时，按下式计算：

$$K = \frac{\frac{1}{3}f_{lk}b^2+Wa}{Qh_0+V\left(\frac{1}{3}\cdot\frac{h_w}{\sin\beta}+b\cos\beta\right)} \qquad (2.38)$$

式中各符号意义同前。

（3）对于孤立具有缓倾软弱结构面的危岩体，后缘无裂隙水压力，计算时要考虑风力作用，稳定性按下式计算：

148

$$K = \frac{\frac{1}{3}f_{lk}b^2 + Wa}{(Q+F)h_0}$$

（2.39）

式中：$F$ 为风力，$F = \rho S(v\sin\omega)^2$。其中，$\rho$ 为空气密度，标准状态下 $\rho = 1.293 \text{ kg/m}^3$；$S$ 为迎风面积（$\text{m}^2$）；$v$ 为风速，计算时取 $v = 10 \text{ m/s}$；$\omega$ 为风向与迎风面积间的夹角（°）。

### 2.3.3.3　坠落式危岩计算

1. 计算模型

坠落式危岩计算模型如图 2.20、图 2.21 所示。

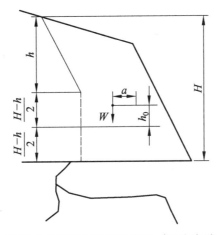

图 2.20　坠落式危岩稳定计算示意图（后缘有陡倾裂隙）

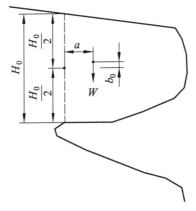

图 2.21　坠落式危岩稳定性计算示意图（后缘无陡倾裂隙）

2. 计算公式

（1）对后缘有陡倾裂隙的崩塌式危岩按下列公式计算，稳定性系数取两计算结果中的较小值：

$$K = \frac{c(H-h) - Q\tan\varphi}{W} \qquad (2.40)$$

$$K = \frac{\zeta f_{lk}(H-h)^2}{Wa + Qb_0} \qquad (2.41)$$

式中：$\zeta$——危岩抗弯力矩计算系数，依据潜在破坏面形态取值，一般可取
　　　　　1/12～1/6，当潜在破坏面为矩形时可取 1/6；
　　　　$a$——危岩体重心到潜在破坏面的水平距离（m）；
　　　　$b_0$——危岩体重心到过潜在破坏面形心的铅垂距离（m）；
　　　　$f_{lk}$——危岩体抗拉强度标准值（kPa），根据岩石抗拉强度标准值乘以
　　　　　0.20 的折减系数确定；
　　　　$c$——危岩体黏聚力标准值（kPa）；
　　　　$\varphi$——危岩体内摩擦角标准值（°）；
　　　　其他符号意义同前。

（2）对后缘无陡倾裂隙的倾倒式危岩按下列公式计算，稳定性系数取两计算结果的较小值：

$$K = \frac{cH_0 - Q\tan\varphi}{W} \qquad (2.42)$$

$$K = \frac{\zeta f_{lk} H_0^2}{Wa + Qb_0} \qquad (2.43)$$

式中：$H_0$——危岩体后缘潜在破坏面高度（m）；
　　　　$f_{lk}$——危岩体抗拉强度标准值（kPa），根据岩石抗拉强度标准值乘以
　　　　　0.30 的折减系数确定；
　　　　其他符号意义同前。

### 2.3.3.4　危岩稳定性计算

根据危岩结构特征和形态特征，结合崩塌危岩分布区分析结果，本区危岩破坏模式主要为滑移式和坠落式。

1. 计算参数

根据岩石物理力学试验成果及野外调查的裂隙产状，综合分析确定灰岩岩体稳定性计算参数。

（1）容重。

岩体相应参数的选取以岩石试验资料为依据，天然容重按室内试验成果资料确定，饱和容重按地方经验确定。岩体容重：天然 22.5 kN/m³；饱和 22.8 kN/m³。

（2）抗剪强度。

① 岩石及岩体抗剪强度。

岩石抗剪强度指标依据本次室内试验成果结合现场实际情况确定。岩体抗剪强度指标根据岩石抗剪强度试验值进行折减，折减时考虑裂隙贯通程度。岩体抗剪强度按岩体破碎标准进行折减：$c$ 值按 0.2 折减，$\varphi$ 值按照 0.8 折减。

② 结构面抗剪强度指标。

根据野外工作时对危岩体裂隙情况的调查，结构面抗剪强度指标按规范查表 2.13 确定。

表 2.13　危岩体稳定性计算参数一览

| 容重（天然/饱和）/（kN/m³） | 岩石 $c$、$\varphi$ 值 | | 岩体 $c$、$\varphi$ 值 | | 结构面 $c$、$\varphi$ 值 | |
|---|---|---|---|---|---|---|
| | $c$/MPa | $\varphi$/（°） | $c$/MPa | $\varphi$/（°） | $c$/MPa | $\varphi$/（°） |
| 22.5/22.8 | 3.0 | 40 | 0.6 | 32 | 0.05 | 18 |

2. 计算工况

本次计算选取 3 种计算工况：

工况 1：天然工况（自重）；

工况 2：暴雨工况（自重+暴雨）；

工况 3：地震工况（自重+地震）。

注：裂隙充水高度，在天然工况时，根据裂隙发育情况，按裂隙深度的 1/3 取值；在暴雨工况时，则主要根据当地暴雨及雪融水作用综合考虑，按裂隙深度的 2/3 取值。

3. 计算结果

危岩稳定性计算结果见表 2.14。

表 2.14 危岩体稳定性系数及稳定性评价

| 编号 | 主要破坏模式 | 稳定系数 | | | 稳定性评价 | | |
|---|---|---|---|---|---|---|---|
| | | 天然 | 暴雨 | 地震 | 天然 | 暴雨 | 地震 |
| WY1 | 坠落式 | 1.533 | 1.074 | 0.913 | 基本稳定 | 欠稳定 | 不稳定 |
| WY2 | 坠落式 | 1.636 | 1.032 | 1.005 | 基本稳定 | 欠稳定 | 欠稳定 |
| WY3 | 坠落式 | 2.163 | 1.791 | 1.086 | 稳定 | 基本稳定 | 欠稳定 |
| WY4 | 坠落式 | 1.984 | 1.547 | 1.114 | 稳定 | 基本稳定 | 欠稳定 |

### 2.3.3.5 危岩体运动特征参数

根据岩石在不同坡度的坡体上的运动方式，采用不同公式计算其运动速度及运动轨迹，计算岩石弹跳高度及距离等。

1. 崩塌落石运动速度的计算

对于崩塌落石的速度计算，选取典型剖面，建立计算模型，通常将坡面分成连续的折线形山坡进行分段计算（图 2.22）。

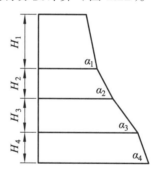

图 2.22 折线山坡崩塌落石速度计算示意图

（1）大于 60°的坡体运动速度。

岩石主要以坠落式运动方式为主，其速度按下式计算：

$$v = \mu\sqrt{2gH} = \varepsilon\sqrt{H} \tag{2.44}$$

$$\mu = \sqrt{1 - k\cot\alpha} \tag{2.45}$$

$$\varepsilon = \mu\sqrt{2g} \tag{2.46}$$

式中：$H$——石块坠落高度（m）；

　　　$g$——重力加速度（m/s²）；

　　　$\alpha$——山坡坡度角（°）；

　　　$K$——石块沿山坡运动所受一切有关因素综合影响的阻力特性系数，可采用表 2.8 所列公式计算。

（2）30°～60°的斜坡运动速度。

其计算坡段终端速度按以下公式计算：

$$v_j(i) = \sqrt{v_{02}^2(i) + 2gh_i(1 - K_i \cot\alpha_i)} = \sqrt{v_{01}^2(i) + \varepsilon_i^2 H_i} \qquad (2.47)$$

式中：$v_0(i)$——石块运动所考虑坡段的起点的初速度，可按不同情况考虑：

　　　　当 $\alpha_{i-1} > \alpha_i$ 时，则 $v_0(i) = v_j(i-1)\cos(\alpha_{i-1} - \alpha_i)$；当 $\alpha_{i-1} < \alpha_i$ 时，则 $v_0(i) = v_j(i-1)$。

　　　$\alpha_i$——所考虑坡段的坡度角（°）。

　　　$\alpha_{i-1}$——相邻的前一段坡度角（°）。

　　　$v_j(i-1)$——石块在前一坡段终端的运动速度（m/s）。

2. 落石崩落距离的计算

从山坡上崩落下来的岩块其运动形式可能是滑动、滚动和跳跃。一般说来，跳跃的速度大，跳落距离较远，而且最后一次跳跃距离坡肩越近，跳落距离越远。在计算危岩可能跳落距离时总是假定最后一次跳跃从坡肩一点开始，如图 2.23 所示。

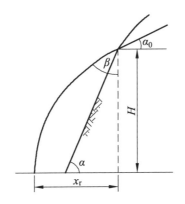

图 2.23　山坡上危岩的崩落距离计算示意图

山坡上危岩的崩落距离可用 E. K. 格列奇谢夫建议的公式进行计算：

153

（1）边坡直立时：

$$X_{\mathrm{r}} = \frac{v^2 \sin \beta}{g}\left(\sqrt{\cos^2 \beta - \frac{2gH}{v^2}} - \cos \beta\right) \tag{2.48}$$

（2）边坡倾斜时：

$$X_{\mathrm{r}} = \frac{v^2 \sin \beta}{g}\left(\sqrt{\cos^2 \beta - \frac{2gH}{v^2}} - \cos \beta\right) - H \cot \alpha_0 \tag{2.49}$$

式中：$\beta$——塌落角（°）；

$\alpha_0$——边坡以上山坡坡度角（°）；

$v$——岩块崩落至坡肩的速度（m/s）。

塌落角 $\beta$ 值，E.K. 格列奇谢夫建议取岩块具有最大塌落距离时极限角度为反射角 $\beta$ 的数值，采用公式 $\beta = 90° - \alpha_0/2$ 计算。

3. 落石撞击斜坡后的运动轨迹及最大偏离计算

落石腾越拦截计算主要是求算石块运动轨迹与山坡面的最大偏离，从而确定拦截建筑物的高度和建筑物与山坡坡角间的最小距离。落石的运动形式在理论上可以按照质点或球体在斜坡上的运动轨迹曲线来表示，因此可以计算落石运动时距离斜坡面的最大距离。

（1）落石运动轨迹计算。

落石运动的形式最常见的就是滚动和跳跃，落石撞击斜面后的运动可用图 2.24 表示。其轨迹方程为

$$y = \frac{gx^2}{2v_0^2 \sin^2 \beta} + x \cot \beta \tag{2.50}$$

式中：$v_0$——石块起始速度（m/s）；

$\beta$——石块反射角（°）；

$g$——重力加速度（m/s²）；

根据大量试验观测资料，有

$$\beta = \frac{200 + 2\alpha(1 + \alpha/45°)}{\sqrt[3]{v_j}}$$

式中：$\alpha$——计算斜坡坡度（°）。

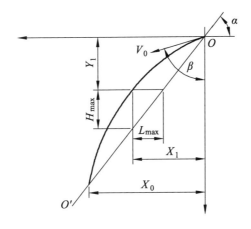

图 2.24　运动轨迹曲线

（2）落石最大偏离计算。

根据运动学原理，岩石在向下崩落的过程中，第一次碰撞时与斜坡面的距离是最大的。据此计算出质点运动轨迹在水平及垂直方向的最大偏离为

最大水平偏离：$L_{\max} = \dfrac{v_0^2(\tan\alpha - \cot\beta)}{2g\tan\alpha(1+\cot^2\beta)}$　　　　　　（2.51）

最大垂直偏离：$H_{\max} = L_{\max}\tan\alpha$　　　　　　（2.52）

落石偏离最大处纵横坐标为

$$\left.\begin{aligned} y &= \frac{v_0^2(\tan^2\alpha - \cot^2\beta)}{2g(1+\cot^2\beta)} \\ x &= \frac{v_0^2\sin^2\beta(\tan\alpha - \cot\beta)}{g} \end{aligned}\right\}　　　　　　（2.53）$$

4. 拦截物高度计算

根据计算可知拦截设施在计算坡段高度 $H_p = H_{\max}$+安全值（安全值 0.5～1.0 m）。

5. 落石的弹跳计算

如果不在坡体设置拦挡结构，当崩塌体在到达斜坡底之后还会在坡脚平地上向外弹跳，因此必须进行弹跳计算，以便为在坡脚设置防护结构时提供拦挡的高度和平距。

当崩塌体撞击路面之后，其运动轨迹的曲线方程根据运动学原理计算可得

$$y = x \tan \gamma - \frac{gx^2}{2v_0^2 \cos^2 \gamma}$$ （2.54）

式中：$\gamma$ 为反射角（°），$\tan \gamma = \dfrac{\rho}{1-\lambda} \tan \varphi$；

$v_0$ 为反射速度（m/s），$v_0 = (1-\lambda)v_R \cdot \dfrac{\cos \varphi}{\cos \gamma}$，$v_R$ 为岩石撞击公路的速度（m/s）；

$\rho$ 为恢复系数（表 2.15）；

$\lambda$ 为瞬间摩擦系数；

$\varphi$ 为入射角（°），通常用山坡坡度角作为入射角。

表 2.15　瞬间摩擦系数 $\lambda$ 和恢复系数 $\rho$

| 顺序 | 山坡表层覆盖物的情况 | 瞬间摩擦系数 $\lambda$ | 恢复系数 $\rho$ |
|---|---|---|---|
| 1 | 基岩外露 | 0.1 | 0.7 |
| 2 | 密实的岩块堆积层 | 0.3 | 0.5 |
| 3 | 长有草皮的光滑坡面 | 0.1 | 0.3 |
| 4 | 松散的坡积层、堆积层等 | 0.4 | 0.3 |
| 5 | 基岩埋藏不深（0.5 m）的山坡 | 0.3 | 0.5 |

石块第一次弹跳的最远距离：

$$x_0 = \frac{v_0^2}{g} \sin 2\gamma$$ （2.55）

石块第一次弹跳的最大高度：

$$H_{max} = \frac{v_0^2 \sin^2 \gamma}{2g}$$ （2.56）

6. 落石的撞击能量计算

根据动能公式计算岩体的撞击能量：

$$E_{动} = \frac{1}{2}mv^2 \qquad (2.57)$$

# 2.3.4 治理工程方案设计

## 2.3.4.1 治理工程设计思想

项目区崩塌，斜坡较陡，崩塌分布较高，可能形成崩塌的规模较大，部分区段结构破碎，危岩单体体积较大，坡脚弹跳高度、冲击动能较大。因此，结合崩塌危岩分布发育特征及下部地形条件等，治理工程对其可采取"主动网+被动网"相结合的方案。

## 2.3.4.2 工程布置

1. 主动网

由于 2#危岩带、3#危岩带崩塌体范围比较大，危岩方量、落石粒径大，冲击能量大，所以针对 2#危岩带、3#危岩带布设主动防护网，如图 2.25、图 2.26 所示。

2. 被动防护网

针对 1#危岩带，采用被动防护网进行防护。被动防护网网型为 RXI-200，网高 4 m，如图 2.27、图 2.28 所示。

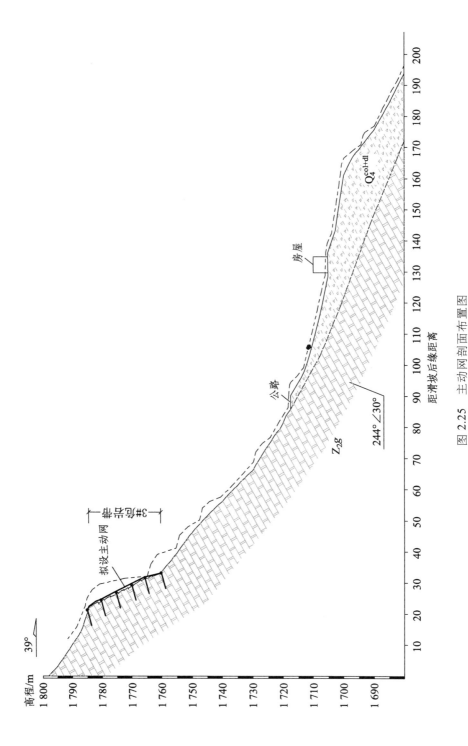

图 2.25　主动网剖面布置图

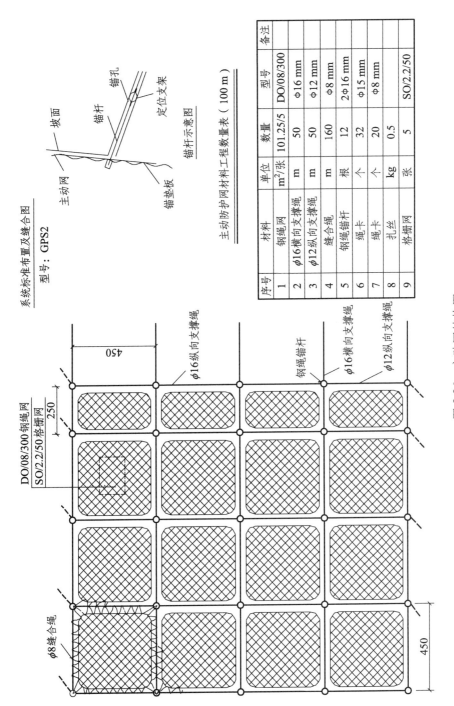

系统标准布置及缝合图

型号：GPS2

锚杆示意图

主动防护网材料工程数量表（100 m）

| 序号 | 材料 | 单位 | 数量 | 型号 | 备注 |
|---|---|---|---|---|---|
| 1 | 钢绳网 | m²/张 | 101.25/5 | DO/08/300 | |
| 2 | φ16横向支撑绳 | m | 50 | Φ16 mm | |
| 3 | φ12纵向支撑绳 | m | 50 | Φ12 mm | |
| 4 | 缝合绳 | m | 160 | Φ8 mm | |
| 5 | 钢绳锚杆 | 根 | 12 | 2Φ16 mm | |
| 6 | 绳卡 | 个 | 32 | Φ15 mm | |
| 7 | 绳卡 | 个 | 20 | Φ8 mm | |
| 8 | 扎丝 | kg | 0.5 | | |
| 9 | 格栅网 | 张 | 5 | SO/2.2/50 | |

图 2.26  主动网结构图

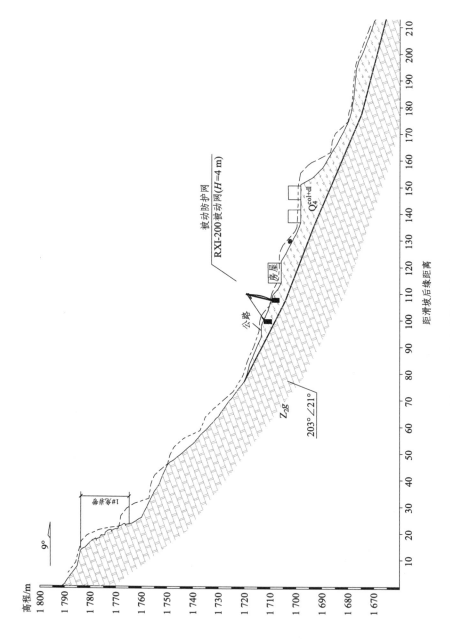

图 2.27 被动防护网剖面布置图

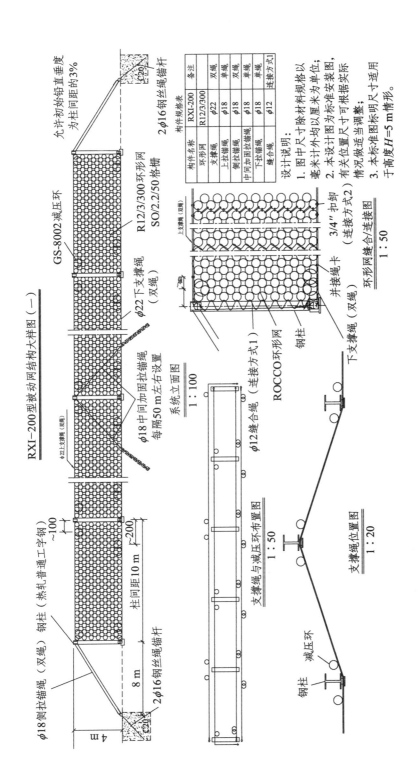

图 2.28 抗滑桩横剖面布置图

構件規格表

| 構件名稱 | RXI-200 | 備注 |
|---|---|---|
| 環形網 | R12/3/300 | |
| 支撐繩 | φ22 | 雙繩 |
| 上拉錨繩 | φ18 | 雙繩 |
| 側拉錨繩 | φ18 | 雙繩 |
| 中間加固拉錨繩 | φ18 | 單繩 |
| 下拉錨繩 | φ18 | 單繩 |
| 縫合繩 | φ12 | 連接方式I |

設計說明:
1. 圖中尺寸除材料規格以毫米計外均以厘米爲單位;
2. 本設計圖爲標準安裝圖,有關位置尺寸可根據實際情況做適當調整;
3. 本標準圖標明尺寸適用于高度 $H$=5 m 情形。

RXI-200型被動網結構大樣圖(一)

允許初始鉛直垂度
爲柱間距的3%

GS-8002減壓環

R12/3/300環形網
SO/2.2/50格柵

φ22下支撐繩
(雙繩)

2φ16鋼絲繩錨杆

φ18中間加固拉錨繩
每隔50 m左右設置

系統立面圖
1:100

φ18側拉錨繩(雙繩)

鋼柱(熱軋普通工字鋼)

~100

200

柱間距10 m

8 m

2φ16鋼絲繩錨杆

支撐繩與減壓環布置圖
1:50

φ12縫合繩
(連接方式1)

ROCCO環形網

鋼柱

減壓環

支撐繩位置圖
1:20

下支撐繩(雙繩)

並接繩卡

3/4"扣卸
(連接方式2)

環形網縫合/連接圖
1:50

上支撐繩(雙繩)

φ12上支撐繩(雙繩)

161

# 3 泥石流

## 3.1 泥石流的组成要素

泥石流：由于降水（暴雨，冰川、积雪融化水）在沟谷或山坡上产生的一种挟带大量泥沙、石块和巨砾等固体物质的特殊洪流。其汇水、汇砂过程十分复杂，按集水区地貌特征可分为沟谷型泥石流和坡面型泥石流。泥石流是各种自然和（或）人为因素综合作用的产物。

### 3.1.1 泥石流的分类及分级

泥石流按暴发频率可分为高频泥石流（一年多次至 5 年 1 次）、中频泥石流（1 次/5～20 年）、低频泥石流（1 次/20～50 年）和极低频泥石流（>1 次/50 年），按物质组成可分为泥流型、水石型和泥石型，按流体性质可分为黏性（密度 1.60～2.30 t/m³）和稀性（密度 1.30～1.60 t/m³）。

泥石流按一次性暴发规模可分为特大型、大型、中型和小型四级（表 3.1）。

表 3.1　泥石流暴发规模分类

| 分类指标 | 特大型 | 大型 | 中型 | 小型 |
|---|---|---|---|---|
| 泥石流一次堆积总量/（10⁴m³） | >100 | 10～100 | 1～10 | <1 |
| 泥石流洪峰量/（m³/s） | >200 | 100～200 | 50～100 | <50 |

泥石流危险性分级：单沟泥石流根据其活动特点、灾情预测，其活动性可划分为低、中、高和极高四级，见表 3.2。

表 3.2　单沟泥石流活动性分级

| 泥石流活动特点 | 灾情预测 | 活动性分级 |
|---|---|---|
| 能够发生小规模和低频率泥石流或山洪 | 致灾轻微，不会造成重大灾害和严重危害 | 低 |

| 泥石流活动特点 | 灾情预测 | 活动性分级 |
|---|---|---|
| 能够间歇性发生中等规模的泥石流，较易由工程治理所控制 | 致灾轻微，较少造成重大灾害和严重危害 | 中 |
| 能够发生大规模的高、中、低频率的泥石流 | 致灾较重，可造成大、中型灾害和严重危害 | 高 |
| 能够发生巨大规模的特高、高、中、低频率的泥石流 | 致灾严重，来势凶猛，冲击破坏力大，可造成特大灾难和严重危害 | 极高 |

根据泥石流灾害一次造成的死亡人数或直接经济损失可将其分为特大型、大型、中型和小型 4 个灾害等级（表 3.3）。

表 3.3　泥石流灾害危害性等级划分

| 危害性灾度等级 | 特大型 | 大型 | 中型 | 小型 |
|---|---|---|---|---|
| 死亡人数/人 | >30 | 30～10 | 10～3 | <3 |
| 直接经济损失/万元 | >1 000 | 1 000～500 | 500～100 | <100 |

注：灾度的两项指标不在一个级次时，按从高原则确定灾度等级。

泥石流按水源和物源成因可分为：

暴雨泥石流：一般在充分的前期降雨和当场暴雨激发作用下形成，激发雨量和雨强因不同沟谷而异。

冰川泥石流：冰雪融水冲蚀沟床，侵蚀岸坡而引发的泥石流。有时也有降雨的共同作用，属冰川泥石流。

坡面侵蚀型泥石流：坡面侵蚀、冲沟侵蚀和浅层坍滑提供泥石流形成的主要土体。固体物质多集中于沟道中，在一定水分条件下形成泥石流。

崩滑型泥石流：固体物质主要由滑坡崩塌等重力侵蚀提供，也有滑坡直接转化为泥石流。

冰碛型泥石流：形成泥石流的固体物质主要是冰碛物。

火山泥石流：形成泥石流的固体物质主要是火山碎屑堆积物。

弃渣泥石流：形成泥石流的松散固体物质主要由开渠、筑路、矿山开挖的弃渣提供，是一种典型的人为泥石流。

坡面型泥石流：无恒定地域与明显沟槽，只有活动周界；轮廓呈保龄球形；限于 30°以上斜面，下伏基岩或不透水层浅，物源以地表覆盖层为主，活动规模小，破坏机制更接近于坍滑；发生时空不易识别，成灾规模及损失范围小；坡面土体失稳，主要由有压地下水作用和后续强暴雨诱发；暴雨过程中的狂风可能造成林、灌木拔起和倾倒，使坡面局部破坏；总量小，重现期长，无后续性，无重复性；在同一斜坡面上可以多处发生，呈梳状排列，顶缘距山脊线有一定范围；可知性低、防范难。

沟谷型泥石流：以流域为周界，受一定的沟谷制约；泥石流的形成、堆积和流通区较明显；轮廓呈哑铃形；以沟槽为中心，物源区松散堆积体分布在沟槽两岸及河床上，崩塌滑坡、沟蚀作用强烈，活动规模大，由洪水、泥沙两种汇流形成，更接近于洪水；发生时空有一定规律性，可识别，成灾规模及损失范围大；主要由暴雨对松散物源的冲蚀作用和汇流水体的冲蚀作用诱发；总量大，重现期短，有后续性，能重复发生；构造作用明显，同一地区多呈带状或片状分布，可列入流域防灾整治范围；有一定的可知性，可防范。

基于浆体容重的泥石流流体容重计算：对新近发生的泥石流，如果可取得泥石流沟边壁或岩壁固体黏结物，能确定上限粒径并具备进行配浆试验确定浆体容重的条件时，可按下式计算泥石流流体容重：

$$\gamma_f = 1 + \frac{\rho_s - 1}{1 + \dfrac{w'(\rho_s - \gamma_f)}{\gamma_f - 1}} \quad\quad (3.1)$$

式中：$\rho_s$——固体颗粒的密度（t/m³）；

$w'$——细颗粒（粒径小于泥石流的上限粒径，上限粒径一般取黏附于沟道岩壁浆体的最大粒径）的质量百分数，用小数表示；

$\gamma_f$——泥石流浆体密度（t/m³），实际工作中取泥石流堆积物中的细颗粒配置。

## 3.1.2　泥石流峰值流量计算

该方法是在泥石流与暴雨同频率且同步发生、计算断面的暴雨洪水设计流量全部转变成泥石流流量的假设下建立的。其计算步骤是先按水文方法计算出断面不同频率下的暴雨洪峰流量（计算方法查阅水文手册，存在堵溃的情况时，按照溃坝水力学中的方法计算暴雨洪峰流量；存在融雪流量或地下水流量补给地表水时，暴雨洪峰流量应叠加融雪流量和地下水补给流量），然后选用堵塞系数，按下式计算泥石流流量：

$$Q_c = (1+\phi)Q_P D_c \tag{3.2}$$

式中：$Q_c$——频率为 $P$ 的泥石流洪峰值流量（$m^3/s$）。

$\quad\quad Q_P$——频率为 $P$ 的暴雨洪水设计流量（$m^3/s$）。

$\quad\quad \phi$——泥石流泥沙修正系数，$\phi=(\gamma_c-\gamma_w)/(\gamma_H-\gamma_c)$，其中，$\gamma_c$ 为泥石流密度（$t/m^3$）；$\gamma_w$ 为清水的密度（$t/m^3$），取 $1.0\ t/m^3$；$\gamma_H$ 为泥石流中固体物质密度（$t/m^3$）。

$\quad\quad D_c$——泥石流堵塞系数。

泥石流堵塞系数一般取值为 1.0～3.0，其中轻微堵塞取 1.0～1.4，一般堵塞取 1.5～1.9，中等堵塞取 2.0～2.5，严重堵塞取 2.6～3.0。而据汶川地震灾区近年来泥石流观测数据，当地震引发大量崩滑堆积体，对泥石流沟道造成特别严重的堵塞时，堵塞系数取值可达到 3.1～5.0，甚至更高，也可按溃坝水力学计算泥石流流量。

泥石流流速按下式计算：

$$v_c = \frac{1}{n_c} H_c^{\frac{2}{3}} I_c^{\frac{1}{2}} \tag{3.3}$$

式中：$v_c$——泥石流断面平均流速（$m/s$）；

$\quad\quad H_c$——泥石流平均泥深（$m$）；

$\quad\quad I_c$——泥位纵坡率，以沟道纵坡率代替；

$\quad\quad n_c$——黏性泥石流沟床糙率，根据泥石流流体特征和沟道特征按规范查表确定。

考虑到泥石流流体呈整体运动，石块较大，一般石块粒径为 20～30 cm，含少量粒径为 2～3 m 的大石块，河床比较粗糙，凹凸不平，石块较多，弯道、跌水较发育，当泥深小于 1.5 m 时按平均值 0.04，一般取值 0.05 左右；泥深大于 1.5 m 时按平均值 0.067，一般取值 0.06～0.07。

一次过流总量和固体物质冲出量按下式计算：

$$Q = 0.264TQ_c \tag{3.4}$$

$$Q_H = Q(\gamma_c-\gamma_w)/(\gamma_H-\gamma_w) \tag{3.5}$$

式中：$Q$——泥石流一次过流总量（$m^3$）；

$\quad\quad Q_H$——一次泥石流冲出固体物质总量（$m^3$）；

$\quad\quad T$——泥石流历时（$s$），根据现有条件下剩余物源动储量的情况的削减比例估算；

$Q_c$——泥石流最大流量（m/s）。

$\gamma_c$——泥石流密度（t/m³）；

$\gamma_w$——水的密度（t/m³）；

$\gamma_H$——泥石流固体物质的密度（t/m³）。

泥石流整体冲压力按下式计算：

$$P = \lambda \frac{\gamma_c}{g} v_c^2 \sin \alpha \qquad (3.6)$$

式中：$P$——泥石流冲压力（kN）；

$\lambda$——建筑物形状系数，圆形建筑物$\lambda$=1.0，矩形建筑物$\lambda$=1.33，方形建筑物$\lambda$=1.47；

$\gamma_c$——泥石流重度（kN/m³）；

$v_c$——泥石流平均流速（m/s）；

$\alpha$——建筑物受力面与泥石流冲压力方向的夹角（°）。

计算时，建筑物形状系数按矩形建筑取$\lambda$=1.33；根据泥石流防治设防标准为 50 年一遇；受力面与冲压方向夹角按正交取 90°。各坝位泥石流整体冲压力计算参数及计算结果详见表 3.4。

表 3.4　拟设拦挡坝位泥石流整体冲压力计算

| 计算位置 | 剖面编号 | 建筑物形状系数 | 泥石流重度/（kN/m³） | 泥石流平均流速/（m/s） | 受力面与泥石流冲压力方向的夹角/（°） | 泥石流冲压力/kN |
|---|---|---|---|---|---|---|
| 支沟 7 拟建 1#谷坊坝 | 58—58′ | 1.33 | 18.310 | 6.537 | 90 | 106.18 |
| 拟建涨水槽 1#谷坊坝 | 26—26′ | 1.33 | 18.860 | 6.944 | 90 | 123.40 |
| 拟建 3#拦砂坝 | 16—16′ | 1.33 | 18.240 | 2.132 | 90 | 11.26 |
| 拟建 2#拦挡坝（二方案） | 10—10′ | 1.33 | 18.240 | 6.268 | 90 | 97.25 |
| 拟建 2#拦砂坝 | 7—7′ | 1.33 | 16.240 | 3.815 | 90 | 32.08 |
| 拟建 1#拦砂坝 | 6—6′ | 1.33 | 16.240 | 4.111 | 90 | 37.24 |
| 已建排导槽 | 5—5′ | 1.33 | 16.240 | 2.783 | 90 | 17.07 |
| 底道桥 | 2—2′ | 1.33 | 16.240 | 2.795 | 90 | 17.22 |

### 3.1.3 泥石流爬高和最大冲起高度

泥石流遇反坡时，由于惯性作用，将沿直线前进的现象称为爬高；泥石流遇阻，其动能瞬间转化为势能，撞击使泥浆及包裹的石块飞溅起来，称为泥石流的冲起。

$$\Delta H = \frac{v_{\mathrm{c}}^2}{2g}$$

$$\Delta H_{\mathrm{c}} = \frac{b v_{\mathrm{c}}^2}{2g} \approx 0.8 \frac{v_{\mathrm{c}}^2}{g}$$

式中：$\Delta H$——泥石流最大冲起高度（m）；

$\Delta H_{\mathrm{c}}$——泥石流爬高（m）；

$v_{\mathrm{c}}$——泥石流平均流速（m/s）；

$b$——泥石流迎面坡度的函数。

### 3.1.4 泥石流弯道超高

由于泥石流流速快、惯性大，故在弯道凹岸处有比水流更加显著的弯道超高。计算弯道超高的公式为

$$\Delta h = 2.3 \cdot \frac{v_{\mathrm{c}}^2}{g} \lg \frac{R_2}{R_1}$$

式中：$\Delta h$——弯道超高（m）；

$R_2$——凹岸曲率半径（m）；

$R_1$——凸岸曲率半径（m）；

$v_{\mathrm{c}}$——流速（m/s）；

$g$——重力加速度（m/s²）。

# 3.2 泥石流治理工程案例

## 3.2.1 区域地质环境条件

见 1.3.2.1 节。

## 3.2.2 泥石流形成条件

### 3.2.2.1 地形地貌特征

项目区沟泥石流位于大金川河左岸一级支流,沟域内地貌类型为高山地貌。沟域内地形切割剧烈,呈典型 V 形谷地貌,其中:下游沟道狭窄,宽度一般为 10~60 m,两侧岸坡下部发育 80~200 m 高陡崖,呈近似峡谷状;沟域中、上游局部发育宽缓河谷,宽度为 40~150 m,长度可达 200~300 m。沟道两侧岸坡高陡,总体上右岸略缓,左岸较陡,其中:沟道左岸平均地形坡度为 50°,多发育陡崖地貌,基岩广泛出露;右岸岸坡略缓,平均地形坡度为 30°~35°,呈上陡下缓趋势。右岸岸坡上部一般坡度为 40°,下部一般为 25°。右岸岸坡局部分布陡崖,陡崖区内广泛分布基岩。沟域内两侧岸坡区内常见有崩塌、滑坡等地质灾害发生。

项目区沟泥石流沟域呈不规则形态,该泥石流沟域纵向长度为 12.45 km,平均宽度为 2.67 km,沟域面积为 33.39 km²。流域最高点位于支沟 6 沟沟源处,高程 4 369.0 m,沟口与金川河交汇处高程为 2 075.0 m,相对高差为 2 294.0 m。沟谷平均纵坡降为 183.93‰。

项目区沟泥石流沟影像如图 3.1 所示。

### 3.2.2.2 沟道特征

项目区沟总体上以深切割 V 形谷为主,具有岸坡陡峻、切割深度较大的特点。主沟纵向长度为 12.45 km,相对高差为 2 294 m,主沟平均纵坡降为 183.9‰。沟道总体呈下游较缓,向上游逐渐变陡,沟道宽度宽窄相间的特征。根据项目区沟主沟沟道发育特征,可将其划分为上游、中游、下游 3 个沟段。

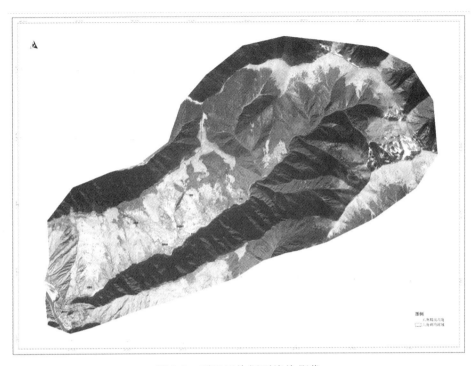

图 3.1 项目区沟泥石流沟影像

1. 主沟上游沟道特征

项目区沟上游位于沟源至支沟 7 沟口上游段沟域，由支沟 1、支沟 2、支沟 3、支沟 4、支沟 5、支沟 6 沟等汇集而成。上游沟域面积为 16.05 km²，沟源高程为 4 360.0 m，支沟 7 沟口高程为 3 070 m，相对高差为 1 290 m。沟道纵长为 5.02 km，沟谷平均纵坡降为 257‰。上游段物源主要以坡面侵蚀类为主，在历次泥石流灾害中，沟道主要表现为夹砂洪水，仅沟道内少量沟道堆积物启动。

2. 主沟中游沟道特征

项目区沟中游位于支沟 7 沟口至蓝家坪坡脚段沟域，由支沟 7、支沟 8、支沟 9、支沟 10、支沟 11、支沟 12 等汇集而成。中游沟域面积为 10.13 km²，高差为 430 m，沟道长度为 3.01 km，沟道纵坡降为 142.9‰。在历次泥石流灾害中，受上游和支沟泥石流或洪水影响，沟域内海子坪以上沟段和各支沟被强烈揭底冲刷或侧蚀，泥石流物源启动参与泥石流活动。泥石流冲出物质大部分堆积于海子坪段宽缓沟段和碉坪以上宽缓沟段，少部分泥石流物质被裹挟至沟域下游。

### 3. 主沟下游沟道特征

项目区沟下游位于蓝家坪坡脚至出山口处，由支沟 13、支沟 14、支沟 15、支沟 16、支沟 17、支沟 18 等汇集而成。上游沟域面积为 6.64 km²，高差为 480 m，沟道长度为 3.5 km，沟道纵坡降为 137‰。项目区沟下游沟道宽窄、陡缓相间，泥石流冲淤特征表现为冲、淤交替出现，部分沟段基本冲淤平衡的特征根据中游沟道特征、沟道堆积物分布特征以及冲淤变化。

## 3.2.2.3 物源条件

### 1. 泥石流发生前的物源类型、数量和规模

项目区沟在发生泥石流前物源以沟道物源和坡面侵蚀物源为主，崩滑不良地质现象发育程度较低。初步统计，泥石流发生前，有坡面侵蚀物源 5 处、物源总量 245.25 万立方米，沟道物源 29 处、物源总方量 203.62 万立方米，滑坡堆积物源 5 处、物源总方量 5.14 万立方米，崩塌堆积物源 2 处、物源总方量 3.31 万立方米，弃渣堆积物源 1 处、物源总方量 2 万立方米。共计物源 42 处、物源总量共约 459.32 万立方米。

### 2. 泥石流期间新增物源

项目区沟泥石流近期主要为 2014 年 6 月 28 日及 2015 年 6 月发生，泥石流发生期间及发生后共计新增物源 14 处，共计新增物源量 98.04 万立方米。其中：2014 年 6 月 28 日泥石流发生期间在主沟上游左岸支沟 7 新增物源为 H04、H05、H06、H07，另外主沟上游沟岸新增 H01 与 H03、窑子沟上游新增 H11、支沟 11 新增 H12、主沟下游右岸支沟 17 中游新增 H14、泥石流发生后因改建村道在主沟下游右岸新增弃渣堆积 QZ01；2015 年 6 月支沟 18 发生泥石流期间上游新增 H15、H16、H17、H18。

### 3. 物源启动、分布变化特征

据调查统计，历次泥石流累计启动物源量共计约 24.88 万立方米，其中，2014 年"6·28"主沟泥石流启动物源量 22.81 万立方米，2015 年 6 月支沟 18 泥石流启动物源量 2.07 万立方米。按发生时间及发生的沟段分别统计：2014 年 6 月 28 日主沟上游零星启动 1.20 万立方米、支沟 7 启动物源量 15.94 万立方米、主沟中游及支沟 10 启动 4.24 万立方米、主沟下游启动 1.43 万立方米；2015 年 6 月涨水槽启动 2.07 万立方米。

各次泥石流启动物源均淤积于各沟道内，少量进入大金川河而被携带走。

按不同泥石流期与各沟段淤积情况统计，2014年"6·28"期间，沟域上游启动的1.2万立方米均就近堆积在各支沟及主沟内，未进入中下游沟道，支沟7及其沟口下方主沟段启动19.1万立方米，有18.3万立方米淤积在海子坪沟段，有0.8万立方米进入主沟沟口，海子坪以下沟段启动2.51万立方米，有0.6万立方米淤积在出山口以上沟段，有1.91万立方米淤积在沟口，即2014年泥石流在沟口堆积2.71万立方米；2015年6月泥石流期间支沟18启动2.07万立方米，有0.8万立方米堆积在下游沟道内，有0.85万立方米堆积在对应主沟沟道及主沟左侧耕地上，有0.42万立方米进入沟口，即总共有3.1万立方米泥石流物质堆积在主沟沟口。

4. 泥石流发生后剩余物源类型和分布

泥石流发生后，流域内共计物源56处，固体物源量557.36×10⁴ m³，动储量101.17×10⁴ m³（表3.5）。

其中崩塌类物源点2个，物源量3.23×10⁴ m³，动储量0.146×10⁴ m³，滑坡类物源点18个，物源量50.05×10⁴ m³，动储量17.196×10⁴ m³，弃渣堆积物源点（段）2个，物源量44.25×10⁴ m³，动储量14.366×10⁴ m³，沟道堆积物源点（段）19个，物源量215.38×10⁴ m³，动储量46.51×10⁴ m³，坡面物源点5个，物源量244.35×10⁴ m³，动储量22.95×10⁴ m³。

从物源的分布情况看，目前主沟上游段物源15处、总量294.17万方、动储量40.605万方；主沟中游段物源22处、总量161.04万方、动储量36.32万方；主沟下游段物源19处、总量101.89万方、动储量24.237万方。其中，主沟中游左岸支沟7物源7处、总量54.13万方、动储量14.961万方；主沟下游右岸支沟18物源9处、总量26.49万方、动储量4.1万方。

表3.5　项目区沟泥石流物源汇总

| 序号 | 物源类型 | 松散固体物源总量（×10⁴m³） | 可能参与泥石流动储量（×10⁴m³） | 百分比/% |
|---|---|---|---|---|
| 1 | 沟道堆积类 | 215.38 | 46.51 | 45.97 |
| 2 | 崩滑堆积类 | 53.28 | 17.34 | 17.15 |
| 3 | 坡面侵蚀类 | 244.35 | 22.95 | 22.68 |
| 4 | 弃渣堆积类 | 44.35 | 14.37 | 14.20 |
| | 合　　计 | 557.36 | 101.17 | 100.00 |

### 3.2.2.4　水源条件

据《四川省中小流域暴雨洪水计算手册》所附暴雨量等值线图，勘查区 1/6 h、1 h、6 h、24 h 多年最大暴雨量平均值分别为 8 mm、15 mm、25 mm、35 mm，变异系数分别为 0.475、0.42、0.35 和 0.3，按水文手册分别计算不同设计频率下雨强特征值，详见表 3.6。

表 3.6　勘查区不同设计频率下雨强值计算

| 频率 P | 10 min 雨强 | | | | 1 h 雨强 | | | |
|--------|------------|----------|----------|------------------|------------|----------|----------|------------------|
| | 平均值/mm | 变异系数 | 模比系数 | 设计雨强/mm | 平均值/mm | 变异系数 | 模比系数 | 设计雨强/mm |
| 1% | 8 | 0.475 | 2.63 | 21.04 | 15 | 0.42 | 2.39 | 35.85 |
| 2% | | | 2.33 | 18.64 | | | 2.15 | 32.25 |
| 5% | | | 1.93 | 15.44 | | | 1.82 | 27.3 |
| 10% | | | 1.63 | 13.04 | | | 1.56 | 23.4 |
| 20% | | | 1.32 | 10.56 | | | 1.29 | 19.35 |
| 频率 P | 6 h 雨强 | | | | 24 h 雨强 | | | |
| | 平均值/mm | 变异系数 | 模比系数 | 设计雨强/mm | 平均值/mm | 变异系数 | 模比系数 | 设计雨强/mm |
| 1% | 25 | 0.35 | 2.11 | 52.75 | 35 | 0.3 | 1.92 | 67.2 |
| 2% | | | 1.92 | 48 | | | 1.77 | 61.95 |
| 5% | | | 1.67 | 41.75 | | | 1.57 | 54.95 |
| 10% | | | 1.47 | 36.75 | | | 1.4 | 49 |
| 20% | | | 1.26 | 31.5 | | | 1.23 | 43.05 |

## 3.2.3　泥石流运动特征参数计算

由于缺乏泥石流监测资料，因此，项目区沟泥石流基本特征值的确定主要参照和利用野外调查、访问获取的泥位、沟道断面特征等进行计算，计算指标的确定主要结合拟设治理工程的需要，除对泥石流流体重度、流速、流量、一次冲出量、一次固体冲出物质总量等指标进行计算外，还对拟设拦挡工程部位泥石流整体冲压力、爬高和最大冲起高度等进行了计算。

### 3.2.3.1 泥石流流体密度

1. 配方法

（1）试验和计算方法。

本次勘查中，在支沟 7、沙龙沟、支沟 8、支沟 12、支沟 18 沟口位置，及主沟 1#坝、2#坝、3#坝已建排导槽及项目区沟沟口扇区采用泥石流堆积物配合沟水搅拌泥石流浆体，将浆体搅拌成当时泥石流浆体浓度（主要参照已发生泥石流的性状）并进行称重，量测浆体体积，计算其密度作为泥石流流体的密度。其计算公式为

$$\gamma_c = \frac{G_c}{V}$$

式中：$\gamma_c$——泥石流密度（$t/m^3$）；

$G_c$——配制泥浆质量（t）；

$V$——配制泥浆体积（$m^3$）。

（2）试验计算结果。

计算结果见表 3.7，泥石流密度为 1.541～1.886 $t/m^3$。

表 3.7　项目区沟泥石流流体密度计算

| 试验位置 | 剖面位置 | 质量/kg | 体积/m³ | 密度/（kg/m³） |
|---|---|---|---|---|
| 支沟 6 沟口 | 86—66′ | 20.06 | 0.012 | 1.672 |
| 窑子沟沟口 | 65—65′ | 21.14 | 0.012 | 1.762 |
| 支沟 7 拟建 1#谷坊坝 | 58—58′ | 21.97 | 0.012 | 1.831 |
| 支沟 8 下游 | 56—56′ | 19.42 | 0.012 | 1.618 |
| 沙龙沟沟口 | 53—53′ | 19.69 | 0.012 | 1.641 |
| 支沟 12 下游 | 44—44′ | 20.15 | 0.012 | 1.679 |
| 拟建涨水槽 1#谷坊坝 | 26—26′ | 22.63 | 0.012 | 1.886 |
| 主沟中游 | 11—11′ | 20.5 | 0.012 | 1.708 |
| 拟建 3#拦砂坝 | 16—16′ | 21.89 | 0.012 | 1.658 |
| 拟建 1#拦挡坝 | 6—6′ | 19.49 | 0.012 | 1.541 |

2. 查表法

泥石流灾害发生后，项目区沟及各支沟物源分布和沟道形态特征、沟道堵塞程度等情况发生了变化，泥石流易发程度也有所变化，因而，不同部位泥石流流体密度也将发生改变。为满足治理工程设计参数的需要，本次工作

采用查表法对项目区沟及各支沟泥石流易发程度进行了打分评价，然后按照《泥石流灾害防治工程勘查规范》（DZ/T 0220—2006）附录 G 表 G.2 查表确定项目区沟及其主要支沟泥石流密度和泥沙修正系数，其结果见表 3.8。

表 3.8　项目区沟及其支沟泥石流流体密度查表法结果统计

| 序号 | 沟名 | 易发程度数量化评分 | 易发程度评价 | 密度 $\gamma_c$/（t/m³） | $1+\phi$（$\gamma_h$=2.65） |
|---|---|---|---|---|---|
| 1 | 支沟 6 | 83 | 轻度易发 | 1.572 | 1.540 |
| | 窑子沟 | 96 | 易发 | 1.662 | 1.688 |
| | 支沟 7 | 106 | 易发 | 1.731 | 1.842 |
| 2 | 沙龙沟 | 93 | 易发 | 1.641 | 1.650 |
| 3 | 支沟 8 | 81 | 轻度易发 | 1.558 | 1.524 |
| 4 | 支沟 12 | 84 | 轻度易发 | 1.579 | 1.549 |
| 5 | 涨水槽 | 114 | 易发 | 1.786 | 1.919 |
| 6 | 项目区沟 | 105 | 易发 | 1.724 | 1.804 |

由表可见，项目区沟流域内支沟 7 和支沟 18 物源分布最为集中，泥石流易发程度最高，泥石流密度最大；支沟 8 物源分布相对较少，泥石流易发程度较低，泥石流密度也略低；综合考虑上游支沟 7、支沟 18 和支沟 8 泥石流汇合特征，项目区沟总体上易发程度较高，泥石流密度较高。

3. 建议设计参数综合取值

由于没有项目区沟以往泥石流密度监测资料，只能通过配方法和查表法两种方法来确定，而这两种方法又各有其特点。配方法只能对已发生过的泥石流进行测定，且测定结果只能代表当时的一次泥石流发生的结果；查表法只能确定项目区沟和各支沟总体的泥石流密度，而对于泥石流沟口处、泥石流沟内其他不同沟段的泥石流密度需进一步调整，本次通过配方法、查表法结合现场实际情况确定泥石流密度和泥沙修正系数。参数统计见表 3.9。

表 3.9　各断面泥石流流体密度及泥沙修正系数统计

| 计算位置 | 断面编号 | 密度 $\gamma_c$/（t/m³） | $1+\phi$（$\gamma_h$=2.65） |
|---|---|---|---|
| 支沟 6 沟口 | 86—66′ | 1.676 | 1.714 |
| 窑子沟沟口 | 65—65′ | 1.762 | 1.858 |

| 计算位置 | 断面编号 | 密度 $\gamma_c$/（t/m³） | $1+\phi$（$\gamma_h$=2.65） |
|---|---|---|---|
| 支沟 7 拟建 1#谷坊坝 | 58—58′ | 1.831 | 2.015 |
| 支沟 8 下游 | 56—56′ | 1.618 | 1.599 |
| 沙龙沟沟口 | 53—53′ | 1.641 | 1.635 |
| 支沟 12 下游 | 44—44′ | 1.679 | 1.699 |
| 拟建涨水槽 1#谷坊坝 | 26—26′ | 1.886 | 2.160 |
| 主沟上游 | 23—23′ | 1.824 | 1.998 |
| 拟建 3#拦砂坝 | 16—16′ | 1.824 | 1.998 |
| 拟建 2#拦挡坝（二方案） | 10—10′ | 1.824 | 1.998 |
| 拟建 2#拦砂坝 | 7—7′ | 1.624 | 1.608 |
| 拟建 1#拦砂坝 | 6—6′ | 1.624 | 1.608 |
| 已建排导槽 | 5—5′ | 1.624 | 1.608 |
| 底道桥 | 2—2′ | 1.624 | 1.608 |

### 3.2.3.2　泥石流流速

根据调查和泥石流密度计算，各支沟和主沟泥石流流体性质为黏性泥石流，本次采用黏性泥石流流速计算公式（东川改进公式和通用公式）复核计算各断面已发泥石流流速，参考泥石流流速计算结果，通过流量反算的方法预测计算现有条件下各断面泥石流流速。

1. 东川改进公式

计算公式为

$$v_c = K H_c^{\frac{2}{3}} I_c^{\frac{1}{5}}$$

式中：$v_c$——泥石流断面平均流速（m/s）；

　　　$H_c$——泥石流平均泥深（m）；

　　　$I_c$——泥位纵坡率，以沟道纵坡率代替；

　　　$K$——黏性泥石流流速系数，按泥深根据规范查表确定，一般泥深小于
　　　　　　2.5 m，因此流速系数取 10。

据上式，计算结果见表 3.10。

表 3.10 泥石流流速计算（东川泥石流改进公式）

| 计算断面位置 | 计算断面编号 | 平均泥深/m | 泥石流纵坡 | 流速系数 | 断面平均流速/（m/s） |
|---|---|---|---|---|---|
| 支沟 6 沟口 | 86—66′ | 0.80 | 0.238 | 10 | 6.467 |
| 窑子沟沟口 | 65—65′ | 0.50 | 0.220 | 10 | 4.654 |
| 支沟 7 拟建 1#谷坊坝 | 58—58′ | 1.00 | 0.218 | 10 | 7.374 |
| 支沟 8 下游 | 56—56′ | 0.60 | 0.569 | 10 | 6.355 |
| 沙龙沟沟口 | 53—53′ | 0.50 | 0.360 | 10 | 5.135 |
| 支沟 12 下游 | 44—44′ | 0.60 | 0.260 | 10 | 5.434 |
| 拟建涨水槽 1#谷坊坝 | 26—26′ | 0.70 | 0.459 | 10 | 6.747 |
| 主沟上游 | 23—23′ | 0.65 | 0.138 | 10 | 5.050 |
| 拟建 3#拦砂坝 | 16—16′ | 0.45 | 0.041 | 10 | 3.095 |
| 拟建 2#拦挡坝（二方案） | 10—10′ | 0.70 | 0.374 | 10 | 6.476 |
| 拟建 2#拦砂坝 | 7—7′ | 0.50 | 0.163 | 10 | 4.383 |
| 拟建 1#拦砂坝 | 6—6′ | 0.40 | 0.130 | 10 | 3.610 |
| 已建排导槽 | 5—5′ | 0.30 | 0.119 | 10 | 2.928 |
| 主沟下游 | 4—4′ | 0.30 | 0.100 | 10 | 2.828 |
| 底道桥 | 2—2′ | 0.30 | 0.152 | 10 | 3.075 |

考虑泥石流流体呈整体运动，石块较大，一般石块粒径为 20～30 cm，含少量粒径为 2～3 m 的大石块，河床比较粗糙，凹凸不平，石块较多，弯道、跌水较发育，当泥深小于 1.5 m 时按平均值 0.04，一般取值 0.05 左右，泥深大于 1.5 m 时按平均值 0.067，一般取值 0.06～0.07。

据上式，正常情况及堵溃情况下计算参数和计算结果详见表 3.11、表 3.12。

表 3.11 泥石流流速计算（通用公式）

| 计算断面位置 | 计算断面编号 | 平均泥深/m | 泥石流纵坡 | 河床糙率系数 | 断面平均流速/（m/s） |
|---|---|---|---|---|---|
| 支沟 6 沟口 | 86—66′ | 0.80 | 0.238 | 17 | 7.147 |
| 窑子沟沟口 | 65—65′ | 0.50 | 0.220 | 17 | 5.023 |
| 支沟 7 拟建 1#谷坊坝 | 58—58′ | 1.00 | 0.218 | 14 | 6.537 |

| 计算断面位置 | 计算断面编号 | 平均泥深/m | 泥石流纵坡 | 河床糙率系数 | 断面平均流速/（m/s） |
|---|---|---|---|---|---|
| 支沟 8 下游 | 56—56′ | 0.60 | 0.569 | 13 | 6.976 |
| 沙龙沟沟口 | 53—53′ | 0.50 | 0.360 | 19 | 7.182 |
| 支沟 12 下游 | 44—44′ | 0.60 | 0.260 | 13 | 4.716 |
| 拟建涨水槽 1#谷坊坝 | 26—26′ | 0.70 | 0.459 | 13 | 6.944 |
| 主沟上游 | 23—23′ | 0.65 | 0.138 | 18 | 5.018 |
| 拟建 3#拦砂坝 | 16—16′ | 0.45 | 0.041 | 18 | 2.132 |
| 拟建 2#拦挡坝（二方案） | 10—10′ | 0.70 | 0.374 | 13 | 6.268 |
| 拟建 2#拦砂坝 | 7—7′ | 0.50 | 0.163 | 15 | 3.815 |
| 拟建 1#拦砂坝 | 6—6′ | 0.40 | 0.130 | 21 | 4.111 |
| 已建排导槽 | 5—5′ | 0.30 | 0.119 | 18 | 2.783 |
| 主沟下游 | 4—4′ | 0.30 | 0.100 | 18 | 2.551 |
| 底道桥 | 2—2′ | 0.30 | 0.152 | 16 | 2.795 |

表 3.12　泥石流流速计算（通用公式堵溃模式）

| 计算断面位置 | 计算断面编号 | 平均泥深/m | 泥石流纵坡 | 河床糙率系数 | 断面平均流速/（m/s） |
|---|---|---|---|---|---|
| 支沟 6 沟口 | 86—66′ | 0.80 | 0.238 | 17 | 7.147 |
| 窑子沟沟口 | 65—65′ | 0.50 | 0.220 | 17 | 5.023 |
| 支沟 7 拟建 1#谷坊坝 | 58—58′ | 2.00 | 0.218 | 15 | 11.117 |
| 支沟 8 下游 | 56—56′ | 0.60 | 0.569 | 13 | 6.976 |
| 沙龙沟沟口 | 53—53′ | 0.50 | 0.360 | 19 | 7.182 |
| 支沟 12 下游 | 44—44′ | 0.60 | 0.260 | 20 | 7.255 |
| 拟建涨水槽 1#谷坊坝 | 26—26′ | 0.70 | 0.459 | 13 | 6.944 |
| 主沟上游 | 23—23′ | 0.65 | 0.138 | 18 | 5.018 |
| 拟建 3#拦砂坝 | 16—16′ | 1.30 | 0.041 | 18 | 4.325 |
| 拟建 2#拦挡坝（二方案） | 10—10′ | 1.80 | 0.374 | 13 | 11.764 |

| 计算断面位置 | 计算断面编号 | 平均泥深/m | 泥石流纵坡 | 河床糙率系数 | 断面平均流速/（m/s） |
|---|---|---|---|---|---|
| 拟建 2#拦砂坝 | 7—7′ | 1.20 | 0.163 | 15 | 6.839 |
| 拟建 1#拦砂坝 | 6—6′ | 1.20 | 0.130 | 21 | 8.550 |
| 已建排导槽 | 5—5′ | 1.30 | 0.119 | 18 | 7.396 |
| 主沟下游 | 4—4′ | 1.00 | 0.100 | 18 | 5.692 |
| 底道桥 | 2—2′ | 1.00 | 0.152 | 16 | 6.238 |

3. 建议设计参数综合取值

前述东川改进公式和通用公式均根据野外调查时获取的泥石流泥深和沟道特征计算求得泥石流流速，为历史泥石流运动参数，因此只能作为治理工作设计的参考数据。其中，通用公式可更好地反映沟道特征对泥石流流速的控制作用，计算结果与实际情况相对较为吻合，作为泥石流流量计算的参数（表 3.11）。

### 3.2.3.3 泥石流流量

为满足泥石流勘查评价及防治工程设计的需要，本次在项目区沟不同沟段、拟设治理工程部位、主要支沟泥石流沟口及与主沟交汇处下游等典型断面部位进行泥石流流量的计算。所有断面流量均在假定未实施治理工程的前提下进行计算。

1. 雨洪法

（1）洪水流量计算。

① 计算公式。

根据《泥石流灾害防治工程勘查规范》（DZ/T 0220—2006）附录 I，采用《四川省水文水册》（1979 年版）和《四川省中小流域暴雨洪水计算手册》（1984 年版）公式计算地表水汇水流量，计算公式为

$$Q = 0.278\psi iF = 0.278\psi \frac{s}{\tau^n} F$$

式中：$Q$——最大洪峰流量（m³/s）；

$\psi$——洪峰径流系数；

$i$——最大平均暴雨强度；

$F$——集水面积（$km^2$）；

$s$——暴雨雨力；

$\tau$——流域汇流时间（h）；

$n$——暴雨公式指数。

② 计算方法。

根据上述计算公式，已知流域特征参数 $F$、$L$、$J$，最大 1 h、6 h暴雨量均值 $H_1$、$H_6$，及对应的 $C_{v1}$、$C_{v6}$，选择适当的 $\mu$ 和 $m$，并进行 $n_2$ 试算。

根据试算的成果判断是否符合 $n_2$ 的范围，不符合则增加最大 1/6 h 或 24 h 的暴雨量均值及相应的 $C_v$ 值，再进行 $n_1$ 或 $n_3$ 试算。

$n_1$ 范围：1/6 ~ 1 h；

$n_2$ 范围：1 ~ 6 h；

$n_3$ 范围：6 ~ 24 h。

③ 计算参数的确定。

暴雨雨力参数的确定：根据《四川省中小流域暴雨洪水计算手册》，区内年最大 24 h 暴雨量平均值为 35 mm，变差系数为 0.3；年最大 6 h 暴雨量平均值为 25 mm，变差系数为 0.35；年最大 1 h 暴雨量平均值为 15 mm，变差系数为 0.42；年最大 10 min 暴雨量平均值为 8 mm，变差系数为 0.475。

其他流域特征参数的确定：主要根据平剖面图，从图上量算。

④ 计算结果。

据此，求得的各断面部位暴雨洪峰流量值详见表 3.13。

表 3.13　暴雨洪峰流量计算

| 计算位置 | 断面编号 | 流域面积 | 暴雨洪峰流量/（$m^3/s$） | | | | |
| --- | --- | --- | --- | --- | --- | --- | --- |
| | | | $P=20\%$ | $P=10\%$ | $P=5\%$ | $P=2\%$ | $P=1\%$ |
| 支沟 6 沟口 | 86—66′ | 2.100 | 3.42 | 4.99 | 6.59 | 8.77 | 10.49 |
| 窑子沟沟口 | 65—65′ | 4.890 | 6.36 | 9.25 | 12.19 | 16.19 | 19.35 |
| 支沟 7 拟建 1# 谷坊坝 | 58—58′ | 2.390 | 5.28 | 6.39 | 7.46 | 8.81 | 9.79 |
| 支沟 8 下游 | 56—56′ | 0.300 | 0.84 | 1.20 | 1.59 | 2.13 | 2.55 |
| 沙龙沟沟口 | 53—53′ | 0.980 | 1.98 | 2.88 | 3.81 | 5.08 | 6.07 |
| 支沟 12 下游 | 44—44′ | 1.570 | 3.43 | 4.90 | 6.41 | 8.46 | 10.05 |
| 拟建涨水槽 1# 谷坊坝 | 26—26′ | 0.760 | 1.57 | 1.89 | 2.21 | 2.83 | 3.44 |

続表

| 计算位置 | 断面编号 | 流域面积 | 暴雨洪峰流量/（m³/s） | | | | |
|---|---|---|---|---|---|---|---|
| | | | $P=20\%$ | $P=10\%$ | $P=5\%$ | $P=2\%$ | $P=1\%$ |
| 主沟上游 | 23—23′ | 10.740 | 20.34 | 28.09 | 35.93 | 46.52 | 54.78 |
| 拟建 3#拦砂坝 | 16—16′ | 21.450 | 28.65 | 39.97 | 51.31 | 66.60 | 78.70 |
| 比选拟建 2#拦挡坝 | 10—10′ | 26.710 | 29.08 | 41.05 | 52.99 | 69.11 | 81.97 |
| 拟建 2#拦砂坝 | 7—7′ | 30.140 | 31.22 | 43.01 | 54.13 | 70.44 | 83.14 |
| 拟建 1#拦砂坝 | 6—6′ | 31.290 | 31.87 | 43.99 | 55.32 | 71.64 | 85.04 |
| 已建排导槽 | 5—5′ | 31.840 | 33.02 | 45.21 | 56.21 | 72.12 | 86.01 |
| 主沟下游 | 4—4′ | 32.120 | 33.78 | 45.98 | 56.76 | 72.45 | 86.45 |
| 底道桥 | 2—2′ | 33.310 | 34.87 | 46.21 | 57.01 | 73.54 | 87.12 |

（2）泥石流峰值流量计算。

① 计算方法和计算公式。

在计算求得暴雨洪峰流量的基础上，根据《泥石流灾害防治工程勘查规范》（DZ/T 0220—2006），采用下式进行泥石流峰值流量的计算：

$$Q_c = (1+\varphi)Q_P D_c$$

式中：$Q_c$——泥石流断面峰值流量（m³/s）；

$\varphi$——泥沙修正系数，采用查表法得到结果；

$Q_P$——暴雨洪峰流量；

$D_c$——堵塞系数，按勘查规范表 I.1 查表确定。

② 计算参数的确定。

泥沙修正系数的确定：根据前述"3.2.3.1 泥石流流体密度"确定的泥石流流体密度。

堵塞系数的确定：堵塞系数主要反映由于沟道过流条件可能对泥石流过流造成堵塞，松散固体物源以超出常态规模参与泥石流活动，放大泥石流流量的作用。

堵塞系数主要按《泥石流灾害防治工程勘查规范》附录 I 表 I.1 确定。

③ 计算结果。

据此，正常模式、堵溃模式采用雨洪法求得泥石流峰值流量，见表 3.14、表 3.15。

180

表 3.14　泥石流峰值流量计算

| 计算断面位置 | 计算断面编号 | 密度/（kg/m³） | 泥沙修正系数 1+φ | 泥石流堵塞系数 | 泥石流峰值流量/（m³/s） | | | | |
|---|---|---|---|---|---|---|---|---|---|
| | | | | | P=1% | P=2% | P=5% | P=10% | P=20% |
| 支沟 6 沟口 | 86—66′ | 1.676 | 1.71 | 1.80 | 32.36 | 27.06 | 20.33 | 15.40 | 10.55 |
| 窑子沟沟口 | 65—65′ | 1.762 | 1.86 | 1.50 | 53.93 | 45.12 | 33.97 | 25.78 | 17.73 |
| 支沟 7 拟建 1#谷坊坝 | 58—58′ | 1.831 | 2.02 | 2.00 | 39.46 | 35.49 | 30.05 | 25.75 | 21.30 |
| 支沟 8 下游 | 56—56′ | 1.618 | 1.60 | 1.50 | 6.12 | 5.11 | 3.81 | 2.88 | 2.02 |
| 沙龙沟沟口 | 53—53′ | 1.641 | 1.64 | 1.50 | 14.89 | 12.46 | 9.34 | 7.06 | 4.86 |
| 支沟 12 下游 | 44—44′ | 1.679 | 1.70 | 1.30 | 22.20 | 18.69 | 14.16 | 10.82 | 7.58 |
| 拟建涨水槽 1#谷坊坝 | 26—26′ | 1.886 | 2.16 | 2.30 | 17.09 | 14.06 | 10.98 | 9.41 | 7.78 |
| 主沟上游 | 23—23′ | 1.824 | 2.00 | 1.30 | 142.29 | 120.83 | 93.32 | 72.96 | 52.83 |
| 拟建 3#拦砂坝 | 16—16′ | 1.824 | 2.00 | 1.30 | 204.42 | 172.99 | 133.27 | 103.82 | 74.42 |
| 拟建 2#拦挡坝（二方案） | 10—10′ | 1.824 | 2.00 | 1.30 | 212.91 | 179.51 | 137.64 | 106.62 | 75.53 |
| 拟建 2#拦砂坝 | 7—7′ | 1.624 | 1.61 | 1.80 | 240.64 | 203.88 | 156.67 | 124.49 | 90.36 |
| 拟建 1#拦砂坝 | 6—6′ | 1.624 | 1.61 | 1.80 | 246.14 | 207.35 | 160.12 | 127.32 | 92.24 |
| 已建排导槽 | 5—5′ | 1.624 | 1.61 | 1.50 | 207.46 | 173.95 | 135.58 | 109.05 | 79.64 |
| 主沟下游 | 4—4′ | 1.624 | 1.61 | 1.50 | 208.52 | 174.75 | 136.91 | 110.90 | 81.48 |
| 底道桥 | 2—2′ | 1.624 | 1.61 | 1.50 | 210.13 | 177.38 | 137.51 | 111.46 | 84.11 |

表 3.15　泥石流峰值流量计算（堵溃情况）

| 计算断面位置 | 计算断面编号 | 密度/（kg/m³） | 泥沙修正系数 $1+\phi$ | 泥石流堵塞系数 | 泥石流峰值流量/（m³/s） | | | | |
|---|---|---|---|---|---|---|---|---|---|
| | | | | | $P=1\%$ | $P=2\%$ | $P=5\%$ | $P=10\%$ | $P=20\%$ |
| 支沟 6 沟口 | 86—66′ | 1.676 | 1.694 | 2.000 | 109.65 | 91.67 | 68.88 | 52.16 | 35.75 |
| 窑子沟沟口 | 65—65′ | 1.762 | 1.858 | 2.000 | 200.41 | 167.68 | 126.25 | 95.80 | 65.87 |
| 支沟 7 拟建 1#谷坊坝 | 58—58′ | 1.831 | 2.015 | 2.000 | 158.98 | 143.02 | 121.07 | 103.77 | 85.81 |
| 支沟 8 下游 | 56—56′ | 1.618 | 1.599 | 1.500 | 14.67 | 12.25 | 9.15 | 6.90 | 4.85 |
| 沙龙沟沟口 | 53—53′ | 1.641 | 1.635 | 1.500 | 36.52 | 30.56 | 22.92 | 17.33 | 11.91 |
| 支沟 12 下游 | 44—44′ | 1.679 | 1.699 | 1.500 | 56.58 | 47.63 | 36.09 | 27.59 | 19.31 |
| 拟建涨水槽 1#谷坊坝 | 26—26′ | 1.886 | 2.160 | 2.000 | 73.82 | 60.73 | 47.43 | 40.66 | 33.62 |
| 主沟上游 | 23—23′ | 1.824 | 1.998 | 1.500 | 426.34 | 362.05 | 279.63 | 218.62 | 158.30 |
| 拟建 3#拦砂坝 | 16—16′ | 1.824 | 1.998 | 1.500 | 612.50 | 518.33 | 399.33 | 311.08 | 222.98 |
| 拟建 2#拦挡坝（二方案） | 10—10′ | 1.824 | 1.998 | 1.500 | 637.95 | 537.87 | 412.41 | 319.48 | 226.32 |
| 拟建 2#拦砂坝 | 7—7′ | 1.624 | 1.608 | 1.800 | 696.59 | 590.18 | 453.53 | 360.36 | 261.58 |
| 拟建 1#拦砂坝 | 6—6′ | 1.624 | 1.608 | 1.800 | 712.51 | 600.24 | 463.50 | 368.57 | 267.02 |
| 已建排导槽 | 5—5′ | 1.624 | 1.608 | 1.800 | 600.53 | 503.55 | 392.46 | 315.66 | 230.55 |
| 主沟下游 | 4—4′ | 1.624 | 1.608 | 2.000 | 670.67 | 562.06 | 440.34 | 356.71 | 262.06 |
| 底道桥 | 2—2′ | 1.624 | 1.608 | 2.000 | 675.87 | 570.52 | 442.28 | 358.49 | 270.52 |

2. 形态调查法

对已发生的泥石流流量可采用形态调查法进行计算，根据调查得到的泥石流泥位及据此求得的泥石流流速，再乘以调查求得的过流断面面积求取泥石流流量。本次工作主要根据泥石流泥痕和沟道调查情况进行计算，作为复核设计泥石流流量的参考依据。

形态调查法计算公式为

$$Q_c = W_c v_c$$

式中：$Q_c$——泥石流断面峰值流量（$m^3/s$）；

$W_c$——泥石流过流断面面积（$m^2$），采用野外调查获取的沟道形态参数；

$v_c$——泥石流断面平均流速（$m/s$），采用通用公式的计算结果。

据此求得各断面位置泥石流峰值流量。计算结果详见表3.16。

表 3.16  泥石流流量形态调查法计算结果

| 计算断面位置 | 断面编号 | 沟道平均宽度/m | 沟道平均泥深/m | 泥石流过流断面面积/m² | 泥石流断面平均流速/（m/s） | 泥石流断面峰值流量/（m³/s） |
|---|---|---|---|---|---|---|
| 支沟6沟口 | 86—66′ | 5.00 | 1.00 | 5.00 | 7.147 | 35.736 |
| 窑子沟沟口 | 65—65′ | 10.00 | 0.80 | 8.00 | 5.023 | 40.185 |
| 支沟7拟建1#谷坊坝 | 58—58′ | 4.50 | 2.00 | 9.00 | 6.537 | 58.830 |
| 支沟8下游 | 56—56′ | 2.00 | 0.80 | 1.60 | 6.976 | 11.161 |
| 沙龙沟沟口 | 53—53′ | 3.00 | 0.50 | 1.50 | 7.182 | 10.772 |
| 支沟12下游 | 44—44′ | 7.00 | 0.50 | 3.50 | 4.716 | 16.504 |
| 拟建涨水槽1#谷坊坝 | 26—26′ | 2.00 | 1.20 | 2.40 | 6.944 | 16.665 |
| 主沟上游 | 23—23′ | 15.00 | 1.50 | 22.50 | 5.018 | 112.894 |
| 拟建3#拦砂坝 | 16—16′ | 48.00 | 1.50 | 72.00 | 2.132 | 153.536 |
| 拟建2#拦挡坝（二方案） | 10—10′ | 10.00 | 3.00 | 30.00 | 6.268 | 188.032 |
| 拟建2#拦砂坝 | 7—7′ | 16.00 | 2.00 | 32.00 | 3.815 | 122.081 |
| 拟建1#拦砂坝 | 6—6′ | 24.00 | 1.00 | 24.00 | 4.111 | 98.653 |
| 已建排导槽 | 5—5′ | 24.00 | 1.20 | 28.80 | 2.783 | 80.141 |
| 主沟下游 | 4—4′ | 24.00 | 1.20 | 28.80 | 2.795 | 80.510 |
| 底道桥 | 2—2′ | 20.00 | 1.20 | 24.00 | 2.795 | 67.091 |

3. 建议设计参数综合取值

对比表3.14和表3.15的计算结果，支沟7下游采用形态调查法求得的泥石流峰值流量计算结果大于采用雨洪法求得的结果，出现这种情况主要与泥石流发生时项目区沟流通区内曾发生沟道堵塞造成流量放大有关，特别是支沟7沟口堵溃和放大流量是造成泥石流流量偏大的重要原因。

泥石流后，沟道条件发生了一定的改变，部分区段沟道堆积物源已基本被揭底冲刷，沟底基岩出露，支沟7、涨水槽为目前的主要潜在堵点，雨洪法计算是根据现有沟道堵塞条件、发生泥石流的密度和泥沙修正系数情况综合确定结果，更能反映泥石流现有物源条件和沟道特征的实际情况。同时，雨洪法计算结果反映了不同暴雨频率下泥石流流量的差异，因此，综合取值时建议采用雨洪法计算结果作为下一步治理工程设计的参数值（表3.16）。

### 3.2.3.4 一次过流总量和固体物质冲出量

1. 计算方法和公式

一次泥石流过流总量按照《泥石流灾害防治工程勘查规范》（DZ/T 0220—2006）附录I提供的计算公式进行计算：

$$Q = 0.264TQ_c$$

式中：$Q$——泥石流一次过流总量（m³）；

$T$——泥石流历时（s），按调查访问的情况确定，现有条件下预测泥石流历时根据剩余物源动储量的削减比例估算；

$Q_c$——泥石流最大流量（m³/s）。

一次泥石流固体冲出物按照《泥石流灾害防治工程勘查规范》（DT/T 0220—2006）附录I提供的计算公式进行计算：

$$Q_H = Q(\gamma_c - \gamma_w)/(\gamma_H - \gamma_w)$$

式中：$Q_H$——一次泥石流冲出固体物质总量（m³）；

$Q$——一次泥石流过程总量（m³）

$\gamma_c$——泥石流密度（t/m³）；

$\gamma_w$——水的密度（t/m³）；

$\gamma_H$——泥石流固体物质的密度（t/m³）。

2. 计算参数选取

泥石流过流时间的取值，根据项目区沟主、支沟沟道长度，存在堵点区域，结合支沟7、支沟18泥石流历时情况以及项目区沟泥石流发展趋势的分析，综合确定各区段泥石流历时参数。根据调查访问得知：支沟7泥石流历时约2 h50 min，但泥石流灾害发生后，沟道条件与物源情况都有一定的变化，历时应缩短，计算时按2 h（7 200 s）考虑；支沟18泥石流历时约1 h20 min，但泥石流灾害发生后，沟道条件与物源情况都有一定的变化，历时应缩短，计算时按 1 h10 min（4 200 s）考虑。

3. 计算结果

各断面处堵溃模式频率及正常模式频率下预测的一次泥石流过流总量计算参数和计算结果统计详见表 3.17，一次固体物质冲出量计算参数和计算结果统计详见表 3.18。

表 3.17　预测一次过流总量计算成果（正常模式、堵溃模式）

| 基本情况 | | | 正常模式 | | | 堵溃模式 | | |
|---|---|---|---|---|---|---|---|---|
| 计算位置 | 计算断面编号 | 频率 | $Q/$（m³/s） | $T/s$ | $Q/$（m³/s） | $Q/$（m³/s） | $T/s$ | $Q/$（m³/s） |
| 支沟 6 沟口 | 86—66′ | $P=1\%$ | 32.36 | 2 400 | 20 505.67 | 109.651 | 1800 | 52 106.30 |
| | | $P=2\%$ | 27.06 | 2 400 | 17 143.44 | 91.672 | 1 800 | 43 562.65 |
| | | $P=5\%$ | 20.33 | 2 400 | 12 882.02 | 68.885 | 1 800 | 32 734.08 |
| | | $P=10\%$ | 15.40 | 2 400 | 9 754.37 | 52.160 | 1 800 | 24 786.50 |
| | | $P=20\%$ | 10.55 | 2 400 | 6 685.36 | 35.749 | 1 800 | 16 987.94 |
| 窑子沟沟口 | 65—65′ | $P=1\%$ | 53.93 | 2 400 | 34 169.07 | 200.410 | 1 800 | 95 234.73 |
| | | $P=2\%$ | 45.12 | 2 400 | 28 589.00 | 167.681 | 1 800 | 79 682.18 |
| | | $P=5\%$ | 33.97 | 2 400 | 21 525.63 | 126.253 | 1 800 | 59 995.42 |
| | | $P=10\%$ | 25.78 | 2 400 | 16 334.05 | 95.803 | 1 800 | 45 525.65 |
| | | $P=20\%$ | 17.73 | 2 400 | 11 230.76 | 65.871 | 1 800 | 31 301.96 |
| 支沟 7 拟建 1# 谷坊坝 | 58—58′ | $P=1\%$ | 39.46 | 7 200 | 74 999.11 | 158.983 | 3 600 | 151 097.10 |
| | | $P=2\%$ | 35.49 | 7 200 | 67 467.81 | 143.018 | 3 600 | 135 924.60 |
| | | $P=5\%$ | 30.05 | 7 200 | 57 112.29 | 121.066 | 3 600 | 115 061.39 |
| | | $P=10\%$ | 25.75 | 7 200 | 48 953.39 | 103.771 | 3 600 | 98 624.05 |
| | | $P=20\%$ | 21.30 | 7 200 | 40 480.69 | 85.811 | 3 600 | 81 554.50 |
| 支沟 8 下游 | 56—56′ | $P=1\%$ | 6.12 | 4 200 | 6 781.61 | 14.668 | 3 000 | 11 617.18 |
| | | $P=2\%$ | 5.11 | 4 200 | 5 664.64 | 12.252 | 3 000 | 9 703.76 |

| 基本情况 | | | 正常模式 | | | 堵溃模式 | | |
|---|---|---|---|---|---|---|---|---|
| 计算位置 | 计算断面编号 | 频率 | $Q/$ ( m³/s ) | $T$/s | $Q/$ ( m³/s ) | $Q/$ ( m³/s ) | $T$/s | $Q/$ ( m³/s ) |
| 支沟 8 下游 | 56—56′ | $P=5\%$ | 3.81 | 4 200 | 4 228.54 | 9.146 | 3 000 | 7 243.65 |
| | | $P=10\%$ | 2.88 | 4 200 | 3 191.35 | 6.903 | 3 000 | 5 466.91 |
| | | $P=20\%$ | 2.02 | 4 200 | 2 242.09 | 4.849 | 3 000 | 3 840.79 |
| 沙龙沟 沟口 | 53—53′ | $P=1\%$ | 14.89 | 2 400 | 9 432.20 | 36.516 | 1 800 | 17 352.35 |
| | | $P=2\%$ | 12.46 | 2 400 | 7 893.83 | 30.560 | 1 800 | 14 522.23 |
| | | $P=5\%$ | 9.34 | 2 400 | 5 920.37 | 22.920 | 1 800 | 10 891.67 |
| | | $P=10\%$ | 7.06 | 2 400 | 4 475.24 | 17.325 | 1 800 | 8 233.07 |
| | | $P=20\%$ | 4.86 | 2 400 | 3 076.73 | 11.911 | 1 800 | 5 660.24 |
| 支沟 12 下游 | 44—44′ | $P=1\%$ | 22.20 | 300 | 1 758.04 | 56.579 | 300 | 4 481.09 |
| | | $P=2\%$ | 18.69 | 300 | 1 479.90 | 47.628 | 300 | 3 772.14 |
| | | $P=5\%$ | 14.16 | 300 | 1 121.30 | 36.087 | 300 | 2 858.09 |
| | | $P=10\%$ | 10.82 | 300 | 857.15 | 27.586 | 300 | 2 184.81 |
| | | $P=20\%$ | 7.58 | 300 | 600.01 | 19.310 | 300 | 1 529.37 |
| 拟建 涨水槽 1# 谷坊坝 | 26—26′ | $P=1\%$ | 17.09 | 6 600 | 29 777.48 | 73.818 | 4 200 | 81 849.08 |
| | | $P=2\%$ | 14.06 | 6 600 | 24 497.17 | 60.728 | 4 200 | 67 335.15 |
| | | $P=5\%$ | 10.98 | 6 600 | 19 133.75 | 47.432 | 4 200 | 52 592.76 |
| | | $P=10\%$ | 9.41 | 6 600 | 16 400.35 | 40.656 | 4 200 | 45 079.51 |
| | | $P=20\%$ | 7.78 | 6 600 | 13 561.83 | 33.619 | 4 200 | 37 277.29 |
| 主沟上游 | 23—23′ | $P=1\%$ | 142.29 | 3 600 | 135 228.21 | 426.340 | 3 000 | 337 661.23 |
| | | $P=2\%$ | 120.83 | 3 600 | 114 837.83 | 362.054 | 3 000 | 286 747.00 |
| | | $P=5\%$ | 93.32 | 3 600 | 88 695.68 | 279.635 | 3 000 | 221 470.76 |
| | | $P=10\%$ | 72.96 | 3 600 | 69 342.10 | 218.618 | 3 000 | 173 145.38 |
| | | $P=20\%$ | 52.83 | 3 600 | 50 210.69 | 158.301 | 3 000 | 125 374.76 |

| 基本情况 | | | 正常模式 | | | 堵溃模式 | | |
|---|---|---|---|---|---|---|---|---|
| 计算位置 | 计算断面编号 | 频率 | $Q/$ ( m³/s ) | $T/s$ | $Q/$ ( m³/s ) | $Q/$ ( m³/s ) | $T/s$ | $Q/$ ( m³/s ) |
| 拟建 3#<br>拦砂坝 | 16—16′ | $P=1\%$ | 204.42 | 3 000 | 161 896.98 | 612.504 | 2 400 | 388 082.35 |
| | | $P=2\%$ | 172.99 | 3 000 | 137 005.58 | 518.332 | 2 400 | 328 415.31 |
| | | $P=5\%$ | 133.27 | 3 000 | 105 551.89 | 399.334 | 2 400 | 253 017.86 |
| | | $P=10\%$ | 103.82 | 3 000 | 82 223.92 | 311.077 | 2 400 | 197 098.50 |
| | | $P=20\%$ | 74.42 | 3 000 | 58 937.08 | 222.976 | 2 400 | 141 277.76 |
| 拟建 2#<br>拦挡坝<br>（二方案） | 10—10′ | $P=1\%$ | 212.91 | 3 000 | 168 623.83 | 637.953 | 2 400 | 404 207.25 |
| | | $P=2\%$ | 179.51 | 3 000 | 142 169.00 | 537.867 | 2 400 | 340 792.52 |
| | | $P=5\%$ | 137.64 | 3 000 | 109 007.89 | 412.409 | 2 400 | 261 302.21 |
| | | $P=10\%$ | 106.62 | 3 000 | 84 445.63 | 319.483 | 2 400 | 202 424.15 |
| | | $P=20\%$ | 75.53 | 3 000 | 59 821.65 | 226.323 | 2 400 | 143 398.15 |
| 拟建 2#<br>拦砂坝 | 7—7′ | $P=1\%$ | 240.64 | 3 600 | 228 704.65 | 696.591 | 2 400 | 441 359.85 |
| | | $P=2\%$ | 203.88 | 3 600 | 193 769.01 | 590.183 | 2 400 | 373 940.20 |
| | | $P=5\%$ | 156.67 | 3 600 | 148 902.85 | 453.530 | 2 400 | 287 356.37 |
| | | $P=10\%$ | 124.49 | 3 600 | 118 313.53 | 360.360 | 2 400 | 228 324.36 |
| | | $P=20\%$ | 90.36 | 3 600 | 85 881.15 | 261.578 | 2 400 | 165 735.56 |
| 拟建 1#<br>拦砂坝 | 6—6′ | $P=1\%$ | 246.14 | 3 900 | 253 425.51 | 712.510 | 3 600 | 677 169.39 |
| | | $P=2\%$ | 207.35 | 3 900 | 213 492.52 | 600.238 | 3 600 | 570 465.84 |
| | | $P=5\%$ | 160.12 | 3 900 | 164 857.71 | 463.500 | 3 600 | 440 510.47 |
| | | $P=10\%$ | 127.32 | 3 900 | 131 093.47 | 368.571 | 3 600 | 350 290.23 |
| | | $P=20\%$ | 92.24 | 3 900 | 94 974.97 | 267.024 | 3 600 | 253 779.26 |

| 基本情况 | | | 正常模式 | | | 堵溃模式 | | |
|---|---|---|---|---|---|---|---|---|
| 计算位置 | 计算断面编号 | 频率 | Q/(m³/s) | T/s | Q/(m³/s) | Q/(m³/s) | T/s | Q/(m³/s) |
| 已建排导槽 | 5—5' | P=1% | 207.46 | 4 200 | 230 027.35 | 600.531 | 4 200 | 665 868.63 |
| | | P=2% | 173.95 | 4 200 | 192 879.57 | 503.549 | 4 200 | 558 335.61 |
| | | P=5% | 135.58 | 4 200 | 150 329.46 | 392.464 | 4 200 | 435 164.23 |
| | | P=10% | 109.05 | 4 200 | 120 910.78 | 315.661 | 4 200 | 350 004.89 |
| | | P=20% | 79.64 | 4 200 | 88 309.53 | 230.549 | 4 200 | 255 632.86 |
| 主沟下游 | 4—4' | P=1% | 208.52 | 4 200 | 231 204.09 | 670.670 | 4 200 | 743 638.90 |
| | | P=2% | 174.75 | 4 200 | 193 762.13 | 562.059 | 4 200 | 623 211.54 |
| | | P=5% | 136.91 | 4 200 | 151 800.40 | 440.338 | 4 200 | 488 246.89 |
| | | P=10% | 110.90 | 4 200 | 122 970.09 | 356.708 | 4 200 | 395 517.83 |
| | | P=20% | 81.48 | 4 200 | 90 342.10 | 262.062 | 4 200 | 290 574.00 |
| 底道桥 | 2—2' | P=1% | 210.13 | 4 200 | 232 995.96 | 675.868 | 4 200 | 749 402.20 |
| | | P=2% | 177.38 | 4 200 | 196 677.26 | 570.516 | 4 200 | 632 587.67 |
| | | P=5% | 137.51 | 4 200 | 152 469.00 | 442.278 | 4 200 | 490 397.38 |
| | | P=10% | 111.46 | 4 200 | 123 585.21 | 358.492 | 4 200 | 397 496.28 |
| | | P=20% | 84.11 | 4 200 | 93 257.22 | 270.518 | 4 200 | 299 950.12 |

表 3.18　一次固体物质冲出总量计算成果（正常模式、堵溃模式）

| 基本情况 | | | 正常模式 | | 堵溃模式 | |
|---|---|---|---|---|---|---|
| 计算位置 | 计算断面编号 | 频率 | 一次过程总量/m³ | 固体物质冲出量/m³ | 一次过程总量/m³ | 固体物质冲出量/m³ |
| 支沟6沟口 | 86—66' | P=1% | 20 505.67 | 8 401.11 | 52 106.30 | 21 347.79 |
| | | P=2% | 17 143.44 | 7 023.62 | 43 562.65 | 17 847.49 |
| | | P=5% | 12 882.02 | 5 277.72 | 32 734.08 | 13 411.05 |
| | | P=10% | 9 754.37 | 3 996.33 | 24 786.50 | 10 154.96 |
| | | P=20% | 6 685.36 | 2 738.97 | 16 987.94 | 6 959.91 |

| 基本情况 | | | 正常模式 | | 堵溃模式 | |
|---|---|---|---|---|---|---|
| 计算位置 | 计算断面编号 | 频率 | 一次过程总量/m³ | 固体物质冲出量/m³ | 一次过程总量/m³ | 固体物质冲出量/m³ |
| 窑子沟沟口 | 65—65′ | P=1% | 34 169.07 | 15 779.90 | 95 234.73 | 43 981.13 |
| | | P=2% | 28 589.00 | 13 202.92 | 79 682.18 | 36 798.68 |
| | | P=5% | 21 525.63 | 9 940.93 | 59 995.42 | 27 706.97 |
| | | P=10% | 16 334.05 | 7 543.36 | 45 525.65 | 21 024.57 |
| | | P=20% | 11 230.76 | 5 186.57 | 31 301.96 | 14 455.81 |
| 支沟7拟建1#谷坊坝 | 58—58′ | P=1% | 74 999.11 | 37 772.28 | 151 097.10 | 76 097.99 |
| | | P=2% | 67 467.81 | 33 979.24 | 135 924.17 | 68 456.35 |
| | | P=5% | 57 112.29 | 28 763.83 | 115 061.39 | 57 949.10 |
| | | P=10% | 48 953.39 | 24 654.71 | 98 624.05 | 49 670.66 |
| | | P=20% | 40 480.69 | 20 387.55 | 81 554.50 | 41 073.81 |
| 支沟8下游 | 56—56′ | P=1% | 6 781.61 | 2 540.02 | 11 617.18 | 4 351.16 |
| | | P=2% | 5 664.64 | 2 121.67 | 9 703.76 | 3 634.50 |
| | | P=5% | 4 228.54 | 1 583.78 | 7 243.65 | 2 713.08 |
| | | P=10% | 3 191.35 | 1 195.30 | 5 466.91 | 2 047.61 |
| | | P=20% | 2 242.09 | 839.77 | 3 840.79 | 1 438.55 |
| 沙龙沟沟口 | 53—53′ | P=1% | 9 432.20 | 3 664.27 | 17 352.35 | 6 741.12 |
| | | P=2% | 7 893.83 | 3 066.63 | 14 522.23 | 5 641.66 |
| | | P=5% | 5 920.37 | 2 299.98 | 10 891.67 | 4 231.25 |
| | | P=10% | 4 475.24 | 1 738.56 | 8 233.07 | 3 198.42 |
| | | P=20% | 3 076.73 | 1 195.26 | 5 660.24 | 2 198.92 |

| 基本情况 | | | 正常模式 | | 堵溃模式 | |
|---|---|---|---|---|---|---|
| 计算位置 | 计算断面编号 | 频率 | 一次过程总量/m³ | 固体物质冲出量/m³ | 一次过程总量/m³ | 固体物质冲出量/m³ |
| 支沟12下游 | 44—44′ | $P=1\%$ | 1 758.04 | 723.46 | 4 481.09 | 1 844.04 |
| | | $P=2\%$ | 1 479.90 | 609.00 | 3 772.14 | 1 552.29 |
| | | $P=5\%$ | 1 121.30 | 461.43 | 2 858.09 | 1 176.15 |
| | | $P=10\%$ | 857.15 | 352.73 | 2 184.81 | 899.08 |
| | | $P=20\%$ | 600.01 | 246.91 | 1 529.37 | 629.36 |
| 拟建涨水槽1#谷坊坝 | 26—26′ | $P=1\%$ | 29 777.48 | 15 989.60 | 81 849.08 | 43 950.48 |
| | | $P=2\%$ | 24 497.17 | 13 154.24 | 67 335.15 | 36 156.93 |
| | | $P=5\%$ | 19 133.75 | 10 274.24 | 52 592.76 | 28 240.72 |
| | | $P=10\%$ | 16 400.35 | 8 806.49 | 45 079.51 | 24 206.33 |
| | | $P=20\%$ | 13 561.83 | 7 282.29 | 37 277.29 | 20 016.77 |
| 主沟上游 | 23—23′ | $P=1\%$ | 135 228.21 | 67 532.15 | 337 661.23 | 168 625.97 |
| | | $P=2\%$ | 114 837.83 | 57 349.32 | 286 747.00 | 143 199.71 |
| | | $P=5\%$ | 88 695.68 | 44 294.09 | 221 470.76 | 110 601.15 |
| | | $P=10\%$ | 69 342.10 | 34 629.03 | 173 145.38 | 86 467.75 |
| | | $P=20\%$ | 50 210.69 | 25 074.92 | 125 374.76 | 62 611.40 |
| 拟建3#拦砂坝 | 16—16′ | $P=1\%$ | 161 896.98 | 80 850.37 | 388 082.35 | 193 805.97 |
| | | $P=2\%$ | 137 005.58 | 68 419.75 | 328 415.31 | 164 008.61 |
| | | $P=5\%$ | 105 551.89 | 52 711.98 | 253 017.86 | 126 355.59 |
| | | $P=10\%$ | 82 223.92 | 41 062.13 | 197 098.50 | 98 429.79 |
| | | $P=20\%$ | 58 937.08 | 29 432.82 | 141 277.76 | 70 553.25 |

| 基本情况 | | | 正常模式 | | 堵溃模式 | |
|---|---|---|---|---|---|---|
| 计算位置 | 计算断面编号 | 频率 | 一次过程总量/m³ | 固体物质冲出量/m³ | 一次过程总量/m³ | 固体物质冲出量/m³ |
| 拟建2#拦挡坝（二方案） | 10—10′ | $P=1\%$ | 168 623.83 | 84 209.72 | 404 207.25 | 201 858.65 |
| | | $P=2\%$ | 142 169.00 | 70 998.34 | 340 792.52 | 170 189.72 |
| | | $P=5\%$ | 109 007.89 | 54 437.88 | 261 302.21 | 130 492.74 |
| | | $P=10\%$ | 84 445.63 | 42 171.64 | 202 424.15 | 101 089.39 |
| | | $P=20\%$ | 59 821.65 | 29 874.57 | 143 398.15 | 71 612.17 |
| 拟建2#拦砂坝 | 7—7′ | $P=1\%$ | 228 704.65 | 86 491.94 | 441 359.85 | 166 914.27 |
| | | $P=2\%$ | 193 769.01 | 73 279.92 | 373 940.20 | 141 417.38 |
| | | $P=5\%$ | 148 902.85 | 56 312.35 | 287 356.37 | 108 672.96 |
| | | $P=10\%$ | 118 313.53 | 44 744.03 | 228 324.36 | 86 348.12 |
| | | $P=20\%$ | 85 881.15 | 32 478.69 | 165 735.56 | 62 678.18 |
| 拟建1#拦砂坝 | 6—6′ | $P=1\%$ | 253 425.51 | 95 840.92 | 677 169.39 | 256 093.15 |
| | | $P=2\%$ | 213 492.52 | 80 738.99 | 570 465.84 | 215 739.81 |
| | | $P=5\%$ | 164 857.71 | 62 346.19 | 440 510.47 | 166 593.05 |
| | | $P=10\%$ | 131 093.47 | 49 577.17 | 350 290.23 | 132 473.40 |
| | | $P=20\%$ | 94 974.97 | 35 917.81 | 253 779.26 | 95 974.70 |
| 已建排导槽 | 5—5′ | $P=1\%$ | 230 027.35 | 86 992.16 | 665 868.63 | 251 819.41 |
| | | $P=2\%$ | 192 879.57 | 72 943.55 | 558 335.61 | 211 152.38 |
| | | $P=5\%$ | 150 329.46 | 56 851.87 | 435 164.23 | 164 571.20 |
| | | $P=10\%$ | 120 910.78 | 45 726.26 | 350 004.89 | 132 365.49 |
| | | $P=20\%$ | 88 309.53 | 33 397.06 | 255 632.86 | 96 675.70 |

| 基本情况 | | | 正常模式 | | 堵溃模式 | |
|---|---|---|---|---|---|---|
| 计算位置 | 计算断面编号 | 频率 | 一次过程总量/m³ | 固体物质冲出量/m³ | 一次过程总量/m³ | 固体物质冲出量/m³ |
| 主沟下游 | 4—4′ | $P=1\%$ | 231 204.09 | 87 437.18 | 743 638.90 | 281 230.71 |
| | | $P=2\%$ | 193 762.13 | 73 277.32 | 623 211.54 | 235 687.27 |
| | | $P=5\%$ | 151 800.40 | 57 408.15 | 488 246.89 | 184 646.10 |
| | | $P=10\%$ | 122 970.09 | 46 505.05 | 395 517.83 | 149 577.65 |
| | | $P=20\%$ | 90 342.10 | 34 165.74 | 290 574.00 | 109 889.80 |
| 底道桥 | 2—2′ | $P=1\%$ | 232 995.96 | 88 114.67 | 749 402.20 | 283 410.29 |
| | | $P=2\%$ | 196 677.26 | 74 379.76 | 632 587.67 | 239 233.16 |
| | | $P=5\%$ | 152 469.00 | 57 661.00 | 490 397.38 | 185 459.37 |
| | | $P=10\%$ | 123 585.21 | 46 737.68 | 397 496.28 | 150 325.87 |
| | | $P=20\%$ | 93 257.22 | 35 268.19 | 299 950.12 | 113 435.68 |

### 3.2.3.5 泥石流整体冲压力

泥石流整体冲压力按《泥石流灾害防治工程设计规范》（DZ/T 0239—2004）式（3.1-8）计算：

$$P = \lambda \frac{\gamma_c}{g} v_c^2 \sin \alpha$$

式中：$P$——泥石流冲压力（kN）；

$\lambda$——建筑物形状系数，圆形建筑物 $\lambda=1.0$，矩形建筑物 $\lambda=1.33$，方形建筑物 $\lambda=1.47$；

$\gamma_c$——泥石流密度（kN/m³）；

$v_c$——泥石流平均流速（m/s）；

$\alpha$——建筑物受力面与泥石流冲压力方向的夹角（°）。

主要选择拟布设拦挡工程部位各断面进行计算，本次勘查中共对 14 处比选坝位进行了泥石流整体冲压力的计算。

计算时，建筑物形状系数按矩形建筑取 $\lambda=1.33$；根据泥石流防治设防标准为 50 年一遇，泥石流流速按 50 年一遇流量反算的流速值；受力面与冲压方向夹角按正交取 90°。各坝位泥石流整体冲压力计算参数及计算结果详见表 3.19。

表 3.19 拟设拦挡坝位泥石流整体冲压力计算

| 计算位置 | 剖面编号 | 建筑物形状系数 | 泥石流密度/(kN/m³) | 泥石流平均流速/(m/s) | 受力面与泥石流冲压力方向的夹角/(°) | 泥石流冲压力/kN |
|---|---|---|---|---|---|---|
| 支沟 7 拟建 1#谷坊坝 | 58—58′ | 1.33 | 18.310 | 6.537 | 90 | 106.18 |
| 拟建涨水槽 1#谷坊坝 | 26—26′ | 1.33 | 18.860 | 6.944 | 90 | 123.40 |
| 拟建 3#拦砂坝 | 16—16′ | 1.33 | 18.240 | 2.132 | 90 | 11.26 |
| 拟建 2#拦挡坝（二方案） | 10—10′ | 1.33 | 18.240 | 6.268 | 90 | 97.25 |
| 拟建 2#拦砂坝 | 7—7′ | 1.33 | 16.240 | 3.815 | 90 | 32.08 |
| 拟建 1#拦砂坝 | 6—6′ | 1.33 | 16.240 | 4.111 | 90 | 37.24 |
| 已建排导槽 | 5—5′ | 1.33 | 16.240 | 2.783 | 90 | 17.07 |
| 底道桥 | 2—2′ | 1.33 | 16.240 | 2.795 | 90 | 17.22 |

### 3.2.3.6 泥石流爬高和最大冲起高度

泥石流爬高和最大冲起高度的计算见 3.1.3 节。

计算断面的确定、流速参数的确定与泥石流整体冲压力的计算参数相同，计算结果详见表 3.20。

表 3.20 拟设拦挡坝位泥石流爬高和冲起高度计算

| 计算位置 | 断面编号 | 泥石流平均流速/(m/s) | 泥石流最大冲起高度/m | 泥石流爬高/m |
|---|---|---|---|---|
| 支沟 7 拟建 1#谷坊坝 | 58—58′ | 6.537 | 2.18 | 3.49 |
| 拟建涨水槽 1#谷坊坝 | 26—26′ | 6.944 | 2.46 | 3.94 |
| 拟建 3#拦砂坝 | 16—16′ | 2.132 | 0.23 | 0.37 |
| 拟建 2#拦挡坝（二方案） | 10—10′ | 6.268 | 2.00 | 3.21 |
| 拟建 2#拦砂坝 | 7—7′ | 3.815 | 0.74 | 1.19 |
| 拟建 1#拦砂坝 | 6—6′ | 4.111 | 0.86 | 1.38 |
| 已建排导槽 | 5—5′ | 2.783 | 0.40 | 0.63 |
| 底道桥 | 2—2′ | 2.795 | 0.40 | 0.64 |

### 3.2.3.7 泥石流弯道超高

泥石流弯道超高的计算见 3.1.4 节，计算结果见表 3.21。

表 3.21 泥石流弯道超高计算统计

| 计算位置 | $v_c/$（m/s） | $g/$（m/s$^2$） | $R_2/$m | $R_1/$m | $\Delta h/$m |
|---|---|---|---|---|---|
| 底道桥 | 2.80 | 9.8 | 37.5 | 31.2 | 0.146 |
| 土神庙 16 号 | 2.80 | 9.8 | 63.5 | 55.5 | 0.108 |
| 钢筋石笼坝 | 2.55 | 9.8 | 65.3 | 52.8 | 0.141 |

## 3.2.4 治理工程方案设计

### 3.2.4.1 治理工程设计思想

一方面，由于项目区沟物源主要来自上游各支沟（如支沟 7）滑坡体、沟道堆积及主沟中、下游流通区揭底，而上游各支沟的稳固工程受地形、地质条件影响大，实施难度大、费用高、施工便道等，对环境破坏大；另一方面，项目区沟下游流通堆积区下段沟道拐弯后流向为略朝主河大金川河上游，现排导槽过流断面严重不足，沟道拓宽、取直需大量拆迁场镇居民房屋，影响安宁镇中学等。因此，在主沟上游大量稳拦或下游排导的方案均不可行。

项目区沟的治理思路应以主沟中游拦蓄为主、下游改造现有排导槽并结合场镇规划需要新建一段排导槽顺接至大金川河，辅以中上游支沟 7 沟口段消除堵溃的措施和支沟 18 停（或固）的措施。

### 3.2.4.2 工程布置

根据项目区沟泥石流形成条件及诱发因素，采取"中、上游稳坡固源拦挡，下游固床+排导"的总体治理思路进行工程方案布置，把沟域内易启动的集中固体物质稳固、拦储在沟道内。根据总体治理思路，拟定了两套方案：

主沟为 3 座拦砂坝+1 座潜坝+已建排导槽改建+新建排导槽，支沟 7 为 1 座拦砂坝，涨水槽为 1 座谷坊坝+主沟 4#拦挡坝。

1. 主沟挡坝工程

项目区沟主沟中上游为泥石流物源主要分布区,2014 年泥石流发生时大部分堆积于中游上段海子坪一带，现已淤满，因此首先在海子坪中段修建一道拦挡坝，即主沟 3 号拦挡坝，有效坝高 8 m、坝长 52.6 m、库容 3.26 万立方米，稳固海子坪上段沟道堆积动储量 0.88 万立方米；由于海子坪已淤积满库，且下游侧卡口处沟道纵坡较大，若上游沟道再次爆发泥石流灾害，该段沟道已无继续停淤的能力，且卡口沟道冲刷严重，若不采取工程措施，该段泥石流堆积体（G13）重新启动的可能性较大。因此，为防止海子坪泥石流堆积体再次启动，在海子坪出口段修建 1 座潜坝，即主沟 1 号潜坝，坝高 1.0 m、坝长 52.6 m，稳固海子坪下段沟道堆积动储量 1.1 万立方米。

其次，在主沟下游出山口一带峡谷区修建两道拦挡坝，用以拦蓄 3 号拦挡坝不能拦蓄的大量泥石流冲出物和主沟中下游弃渣堆积启动后形成的泥石流，兼顾稳固主沟中下游沟道物质。第一座坝位于头道桥上游（原有 1 号石笼坝内侧），即主沟 1 号拦挡坝，有效坝高 15 m、坝长 54 m、库容 7.35 万立方米（图 3.2、图 3.3）；第二座坝位于第一座坝库尾，即主沟 2 号拦挡坝，有效坝高 15 m、坝长 40.5 m、库容 5.23 万立方米。

2. 支沟 7 之 1#拦砂坝

支沟 7 于 2014 年 6 月 28 日发生大规模泥石流，同时该支沟泥石流爆发后在主沟形成堵溃，导致主沟沟道物质也被大量启动，现支沟 7 及其沟口以下主沟沟段仍然堆积有大量松散堆积。为适当拦蓄支沟 7 泥石流、稳固沟岸 H07 滑坡及避免支沟 7 发生泥石流时再次在主沟发生堵溃，在支沟 7 下游段修建 1 座拦砂坝，即支沟 7 的 1 号拦砂坝，有效坝高 10 m、坝长 26.5 m、库容 0.64 万立方米，稳固 H07 物源 2.0 万立方米。

3. 支沟 18 谷坊坝+主沟 4#拦砂坝

支沟 18 在 2015 年 6 月 3 次泥石流发生后，沟域内尤其是沟中上游沟岸还存在大量松散物质，动储量仍然较大。由于而该沟沟道纵坡大、沟口正对主沟现有排导槽，且现有排导槽过流能力严重不足，加之排导槽取直、加宽工作难以实施。因此，支沟 18 的第一种治理方案为适当稳拦、减势，主沟拦挡消除堵溃。具体为在下游沟口修建涨水槽 1 号谷坊坝，有效坝高 5 m、坝长 42.3 m、库容 500 m³，在主沟与主沟交汇下游修建一座拦挡坝，即主沟 4#拦挡坝，有效库容 1.1 万立方米，防止泥石流堵溃。

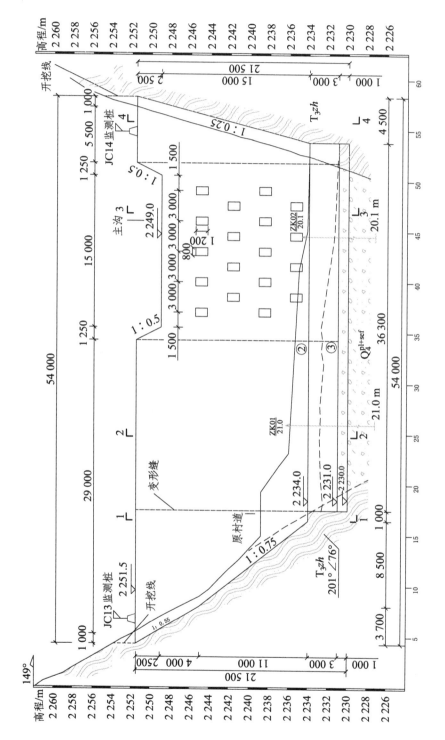

图 3.2 主沟 1#拦砂坝剖面布置图（单位：mm）

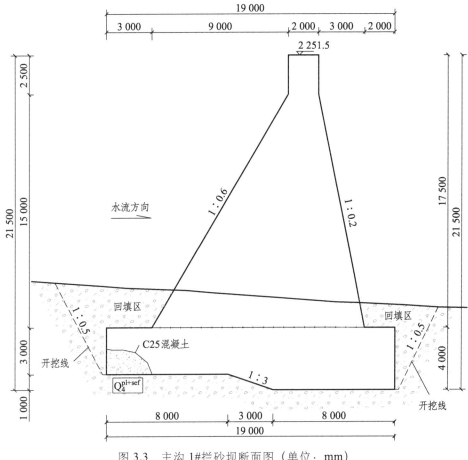

图 3.3　主沟 1#拦砂坝断面图（单位：mm）

4. 主沟下游排导工程

主沟下游沟口段现有排导槽为水利部门于 2014 年主沟泥石流发生后修建的，根据验算只能满足过水流，主沟中游修建拦挡坝后，泥石流发生后过坝物质为稀性泥石流，排导槽过流能力不能满足要求，4#拦挡坝至底道桥需重建，总长度为 562 m，排导槽净宽 5.0 m、净高 3.0 m，底道桥至大金川河，新建排导槽长 248 m，如图 3.4 所示。

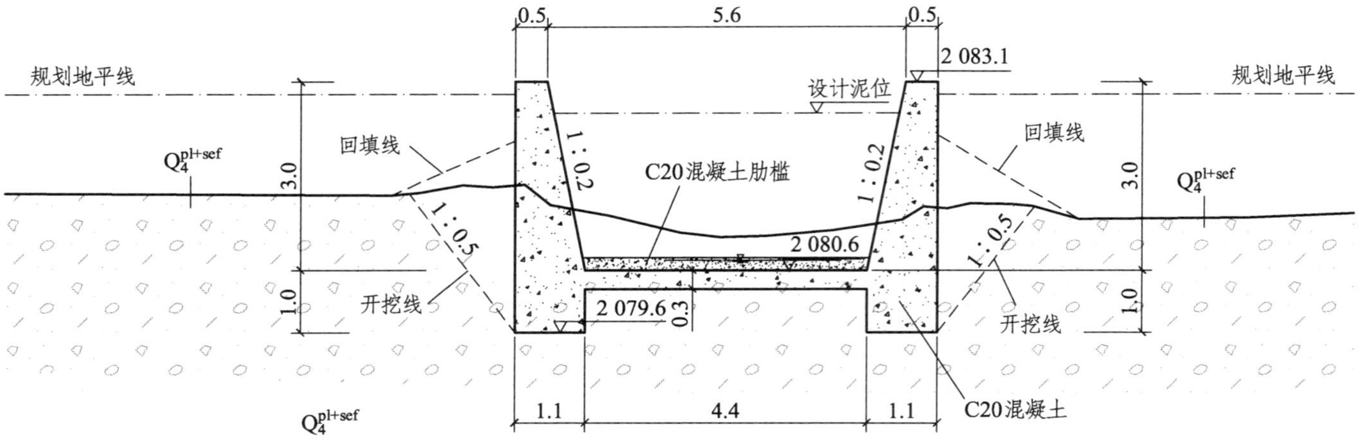

图 3.4　排导槽设计断面图

# 参考文献

[ 1 ] 何升，胡世春. 地质灾害治理工程施工技术. 成都：西南交通大学出版社，2008.

[ 2 ] 朱永全，宋玉香. 隧道工程. 北京：中国铁道出版社，2009.

[ 3 ] 覃仁辉. 隧道工程. 2 版. 重庆：重庆大学出版社，2005.

[ 4 ] 廖代广，孟新田. 土木工程施工技术. 3 版. 武汉：武汉理工大学出版社，2006.

[ 5 ] 国家市场监督管理总局，国家标准化管理委员会. 滑坡防治设计规范：GB/T 38509—2020. 北京：中国标准出版社，2020.

[ 6 ] 国家市场监督管理总局，国家标准化管理委员会. 滑坡防治工程勘查规范：GB/T 32864—2016. 北京：中国标准出版社，2016.

[ 7 ] 中国地质灾害防治工程行业协会. 崩塌防治工程勘查规范（试行）：T/CAGHP 011—2018. 武汉：中国地质大学出版社，2018.

[ 8 ] 国土资源部. 泥石流灾害防治工程勘查规范：DZ/T 0220—2006. 北京：中国标准出版社，2006.

[ 9 ] 中国地质灾害防治工程行业协会. 泥石流防治工程设计规范（试行）：T/CAGHP 021—2018. 武汉：中国地质大学出版社，2018.

[10] 杨嗣信. 混凝土结构工程施工手册. 北京：中国建筑工业出版社，2014.